身近なもので楽しむ！
おもしろ！
ふしぎ？
科学実験室
お湯を注ぐと、描いた
絵が消える
水でくっつく
不思議なビーズの原理
クリアホルダーに描いた
絵を、UVレンジにコピー
水を入れたゴム風船は、
火であぶっても割れない
Lab

はじめに

子供にとって、科学の入り口は、遊びだったりマジックだったり。
「ふしぎ？で　ヘン！で　“おもしろい”」ことではないかと思います。
それは大人になっても同じではないでしょうか。

そんな「おもしろいな！ふしぎだな？」と思えることを、「手軽な実験」や「手作り工作」にして、2018年にこの書籍のもととなる『手作り実験工作室』を出版いたしました。
その出版時にこだわった「実験ネタだけでなく、サポート役となれる科学的情報をご提供する」ことも受け継ぎ、その後の6年で新たに見つけた「おもしろさ」と「ふしぎさ」を盛り込んだのが、本書です。

本書では、身近なものを使った実験を紹介しています。試行錯誤してもうまくいかない実験も、科学的情報をもっていれば、乗り越えるハードルは低くなります。
科学的情報が増えると、他の事象とつながり、科学の楽しさをとらえるチャンスが増えます。

また、本書では、画像がモノクロのものもありますが、各テーマの最後のQRコードのWebサイトからは、カラー画像を使った詳しい情報を確認できます。また、関連となる実験キットの紹介もしております。

本書を通して、科学の楽しさをさらに多くの方々に知っていただければ幸いです。

おもしろ！ふしぎ？実験隊
久保利加子

CONTENTS

第1章 文房具を使った実験

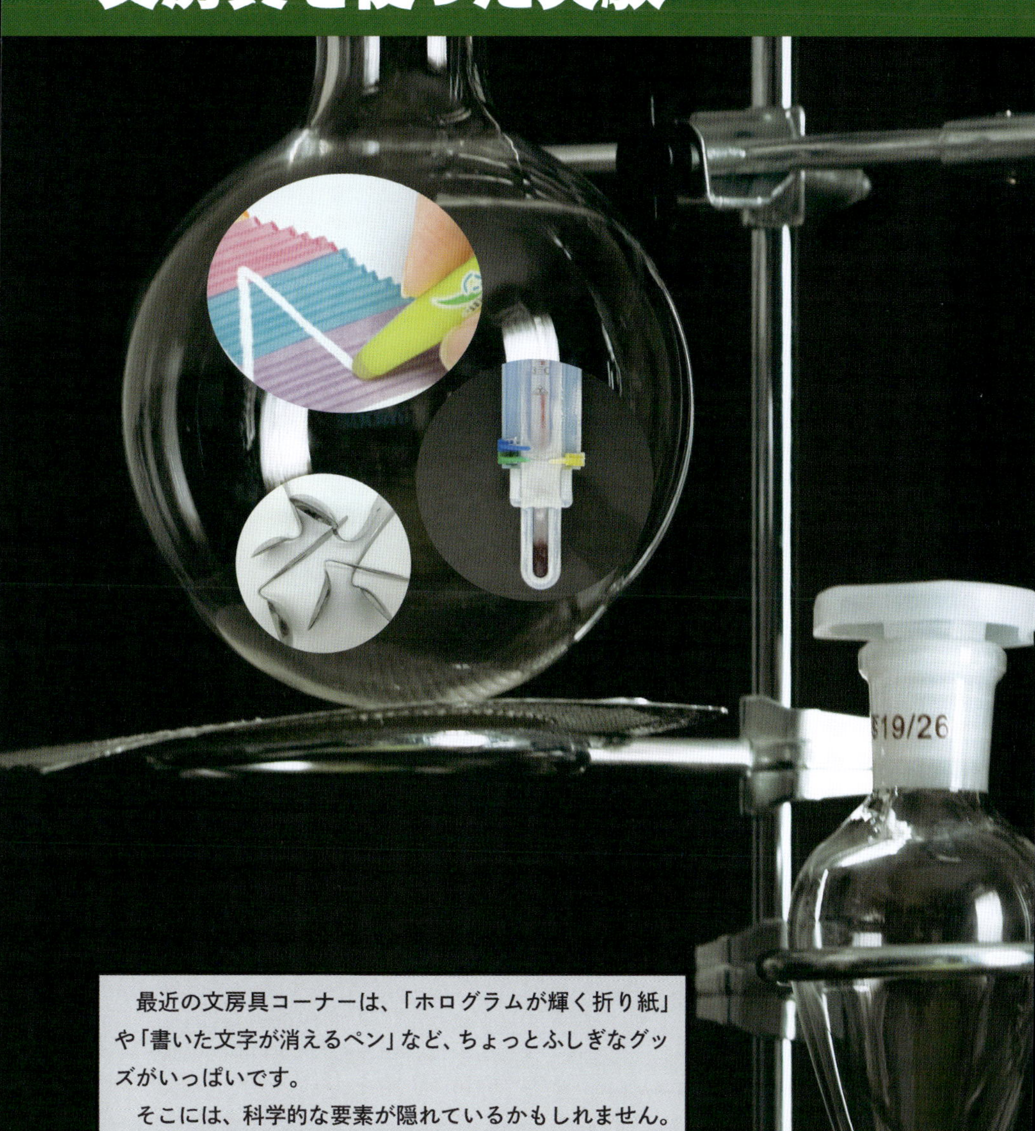

最近の文房具コーナーは、「ホログラムが輝く折り紙」や「書いた文字が消えるペン」など、ちょっとふしぎなグッズがいっぱいです。

そこには、科学的な要素が隠れているかもしれません。

その原理を探って、「使う楽しみ」を倍増させましょう。

1-1 フリクションインキのひみつ

フリクション（摩擦熱）、サーモクロミズム、透明と白

こすると、書いたものが消えるペン

ペンで書いたものを付属のラバーでこすると、消すことができるペン。

最近は、いくつかの会社で商品化されているようですが、さきがけはパイロット社の製品です。

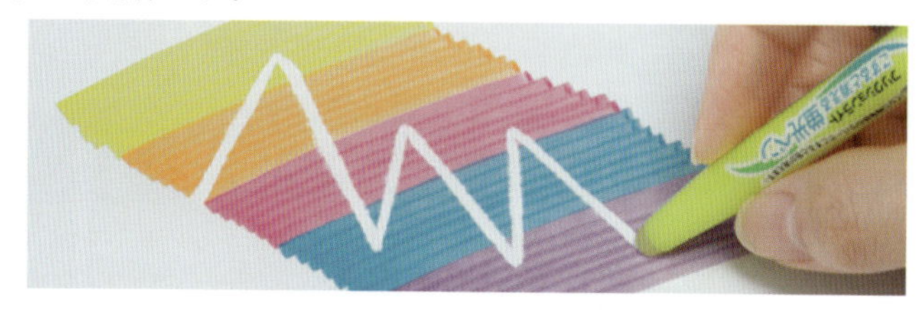

こすると消える蛍光ペン（パイロット）

こするということは…たとえば、手のひらを合わせて、ゴシゴシすり合わせてみてください。

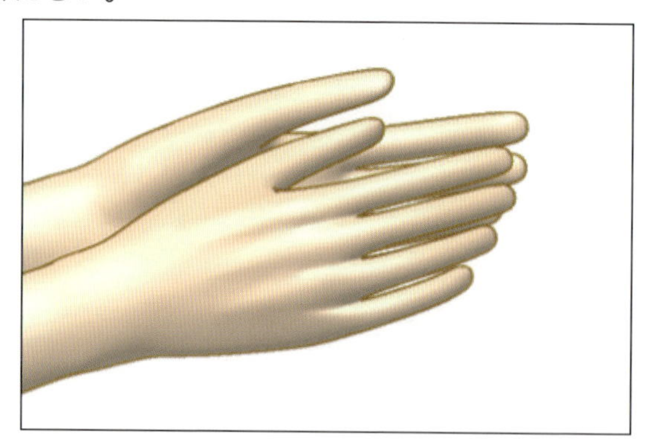

手をすり合わせると…？

どうですか、手のひらが熱くなってきますね。

これは、”**こする＝摩擦熱を起こす**”ということです。

つまり、フリクションペンは、温度変化で色が変わるインキが使われているのです。

※ちなみに、商品とつづりは違いますが、「フリクション」とは、日本語で「摩擦」を意味します。

パイロット社のサイトには、「フリクションインキは**65度以上**で消色し…」と書いてあります。

ということは、ラバーでこするだけでなく、**“65度以上にすれば消える”**ということでしょうか。

そして、熱くすると消えるのなら、冷たくすると書いたものが出てくるのでしょうか。

＊

ラボしてみましょう。

フリクションペンに、いろいろな熱を加えてみよう

まずは、オーソドックスに、「熱を加える方法」を試してみましょう。

【用意するもの】

・フリクションペン
・紙コップ
・ドライヤー
・ライター
・アイロン

[1] 紙コップの外側にフリクションペンで絵を描き、熱湯(65℃以上)をそそぐと、あっという間に絵が消えます。

絵を描いた紙コップ(左)にお湯を注ぐと、描いた絵が消える(右)

[2] 紙にフリクションペンで絵を描き、ドライヤーの熱風を当てる。
→絵が消えます。
すぐにドライヤーを離すとまた復活しますが、長時間当てると消えてしまいます(紙が焦げないように注意しましょう)。

ドライヤーの熱風で、描いた絵が消える

[3] 紙にフリクションペンで絵を描き、ライターの火で焦がさないくらいにあぶる。
→みるみる消えてしまいます。

[4] 紙にフリクションペンで絵を描き、アイロンをかける
→あっという間に消えています。

[5] 紙にフリクションペンで絵を描き、電子レンジに入れて加熱する
→これまた、消えてしまいます。

※このとき、電子レンジには水の入ったコップを一緒に入れてください。

本当に消えているの？

紙コップにフリクションペンで書いた絵は、お湯を入れると一瞬で消えますが、よく見ると白い跡が残っています。

蛍光のフリクションペンだったなと思い、**「紫外線」**（スパイペン→p.30でも可）を当ててみました。

うっすらと残る白い跡に（左）、紫外線を当てると絵が浮かび上がる（右）

蛍光のインクは、残っているようです。

また、黒い紙に書いたものは、うっすら白く見えるようです。

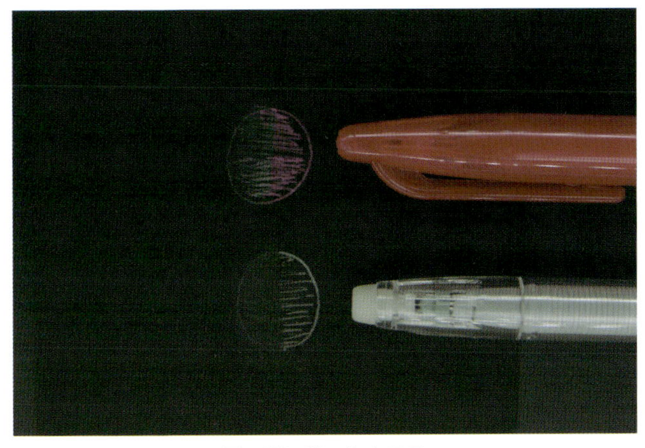

黒い紙に書いたところ

『あれれ。消えたんじゃなくって、白くなってたの？』と思ったかもしれません。

白い紙だから、まぎれて見えなくなっていたのでしょうか。

＊

もう少し、ラボしてみましょう。

黒い紙に書いて消してみよう

【用意するもの】

・黒い紙（少しザラついたもの）
・普通のボールペン（対比実験として利用）
・いろいろなタイプのフリクションペン（1本でもOK）

［1］黒い紙に、「普通のボールペン」と「いろいろなタイプのフリクションペン」で色を塗り、塗った半分を普通にラバーで消して観察する。

※このとき、ペンで書いた跡が残ってはよくないので、あまり強く書かないよう気をつけましょう。
消した部分は、画像の黒左のように少し白く残って見えます。

ラバーと紙とインクがこすれたために消しカスが出て、それがペンで書いた跡に入り込み、白く見えているのかもしれないので、消しカスが出ない方法で消してみましょう。

そうです、アイロンや電子レンジで熱するのです。

［2］同じように色を塗り、ごく低温（100℃以下）のアイロンや電子レンジに入れて、熱を加える。
画像の黒右2つのように白くなりました。

普通の赤ボールペン（黒い紙では見えにくい）
フリクションペン
ラバー　アイロン　電子レンジ

ラバーアイロン電子レンジでの結果の違い

結果の写真から、65度以上で消色し…という説明にもかかわらず、白く残っているのが分かります。

ただ、よく読んでみると「**消色**」とあります。

消色とは、色が消えること。

つまり、インクの粒の色が消えていて、粒自体は残っているのかもしれません。

＊

もう少し、理解を深めてみましょう。

透明と白の違い

唐突ですが、水は何色でしょうか？

水は、限りなく透明です。
では同じ水でできている雪は…、白く感じますね。

＊

自ら光を出していないモノは、他からの光を反射したり、屈折したりすることによって、人間の目に見えるようになります。

水は、ほとんどの光を透過するので、人間には透明に見えます。
雪については、結晶の１つ１つは透明ですが、その結晶が集まると、光が表面でいろいろな方向に反射するため、人間には白く見えるのです。
(この原理は、透明なガラスが割れて粉々になると、白く見えるのと一緒です)。

他の例としては、「**曇りガラス**」が挙げられます。

曇りガラスは、表面の凸凹で光がいろいろな方向に反射されるために曇って見えますが、水をかけて表面の凸凹をなくすと、透明になり向こう側が見えるようになります。

＊

黒い紙にフリクションペンで書いたものを消すと、白く残って感じたのは、透明になったインクの粒の表面で、反射が起こっていたのかもしれません。

※フリクションペンを使う場面を考えると、白い紙に書くことがほとんどで、商品開発を考える上では、この消色する状態で充分なのかもしれません。
それぞれの商品には、メーカー独自の工夫などがあるので、本誌で深く説明することはしませんが、パイロット社のサイトには開発当時からの苦労が書いてあるようです。
興味がある方は、参照してください。
https://www.frixion.jp/story/

消えた絵を復活させる

熱くすると消えるということは、冷たくすると描いたものが出てくる(復色)のでしょうか。

また、冷たくするにはどんな方法があるでしょうか。

＊

思いつく方法で、ラボしてみましょう。

いろいろな方法で、冷やしてみよう

【用意するもの】

- 割りばし
- 氷
- 塩
- 冷却スプレー

[1] 絵が消えた紙コップに、水(常温)を入れる。
→絵は見えてきません。

[2] 常温の水に氷を入れて、割りばしで混ぜてみる。
→うっすらボンヤリと何か見えてきます。

[3] 水を少なめにして氷を足し、食塩をたっぷり入れて、かき混ぜる。
→完全復活とは言えませんが、かき混ぜていると絵が見えてきます。

[4] 絵が消えた紙に、冷却スプレーをかける。
→みるみる見えてきます。絵の表面には、氷の粒も見えます。
冷凍庫に入れて、復色させることもできます。

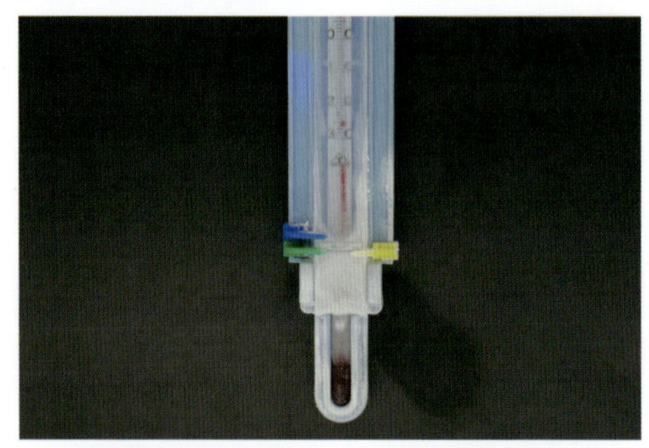

冷却スプレーには、-40℃になるものもある

フリクションインキはサーモクロミズム

氷水は**0℃**ですが、食塩を入れるとおおよそ**-20℃**くらいまで温度が下がります(アイスクリーム作りの実験をやったことのある人にはお馴染みかもしれませんね)。

パイロット社のサイトには、

> **現在のフリクションインキは65℃で色が消え、-20℃で復色するよう変色温度幅を85度に設定してあります**

と書いてあります。

フリクションペンのように、温度の変化によって物質の色が可逆的(変化が起きても、また元に戻れる)に変化する現象は、**『サーモクロミズム』**と呼ばれています。

サーモクロミズムは、冷たいジュースをそそぐと色が変わるコップや、お風呂で遊ぶ子供のおもちゃなどにも使われています。

また、実用的なところでは、「書き換え可能なポイントカード」「トナーの色が消せる複写機」などにも使われています。

サーモクロミズムが利用されている製品

以上のようなコップやおもちゃやポイントカードは、それぞれ使用時の温度条件が違うので、**変色温度**や**温度幅**の設定も違ってくるはずです。

たとえば、お風呂で遊ぶおもちゃが、冷たいジュースをそそぐと色が変わるコップと同じ変化温度設定だとしたら、子供が風邪をひいてしまうかもしれません。

参考サイト https://omoshiro.home.blog/2010/11/29/20101129/

1-2 色が消えるのり

酸性、中性、pH、酸性紙、中性紙、レシート

塗ると色が消える

「色が消えるのり」をご存知ですか？

青や紫のスティック状ののりを紙に塗ると、その色が着くのですが、少し時間が経つと無色になる、というものです(液体状ののりもあるようです)。

どこに塗ったのかが分かるので、多く塗りすぎることもなく、経済的です。

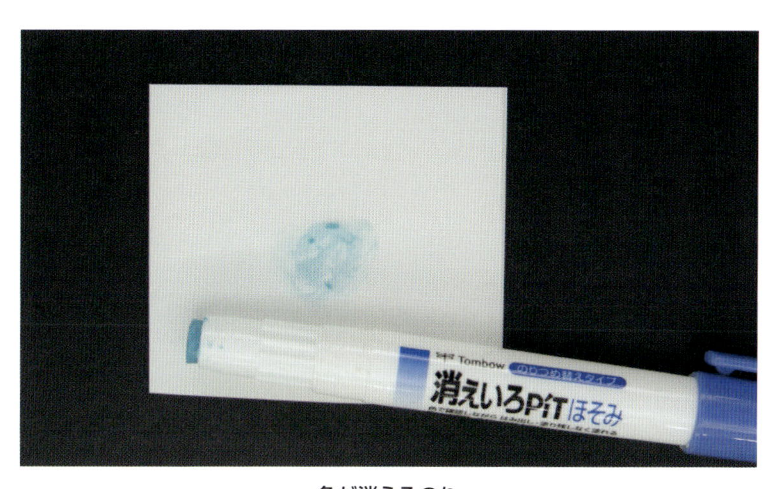

色が消えるのり

このような製品で代表的なのは、**「消えいろピット」**です。

販売しているトンボ鉛筆社のサイトでは、

> 貼るまでは色があって、乾燥して貼り上がれば無色になる消えいろピットは、pH指示薬を配合することによって出来ています。
> つまり、製品の状態ではアルカリ性なのですが、空気に触れて二酸化炭素を吸ったり、紙の持つ酸性成分と反応したり、また乾燥して水分を失うなどにより中性化するという性質をうまく利用したものなのです。

と説明しています。

アルカリ性では色が着いていて、中性化すると色がなくなる。

これは、まるで**pHチェックスティック**ではないですか。

さっそく、ラボしてみましょう。

Lab 身近なもので、お試し

pH測定の手始めとして、pH試験紙の使い方も思い出しながらラボしてみましょう。

消えいろピットは、アルカリ性で**青**、中性で**無色**に変化する指示薬と思えばいいでしょう。

【用意するもの】

- 色が消えるのり（青色→無色になる製品）
- 炭酸水（無色のもの）
- 重曹
- ラップフィルム
- pH試験紙（ドラッグストアやホームセンターなどで購入可能）

[1] pH試験紙に色が消えるのりを塗り、pHを確認。
pH試験紙は気軽に使えますが、リトマス試験紙と同様に、ピンセットなどを使って、手で直接触らないようにしましょう（人間の手は酸性だからです）。
pHは12くらいでした。

[2] 色が消えるのりをラップに塗り、放置。
30秒ほどすると、無色になります。
これは、アルカリ性で青色だったものが、空気中にある酸性の二酸化炭素と反応して中性になり、無色になったのです。
ティシュの上で行なうと、色の変化が見えやすいでしょう。

[3] ラップに薄くのりを塗り、すぐに無色の炭酸水に入れてみる。
これも無色になります。
炭酸水は二酸化炭素が溶けている水溶液なので、酸性を示します。
それと反応して、中性になり、無色になったのです。
ついでに、pH試験紙で炭酸水のpHを確認しておきましょう。

[4] ラップに塗って透明になるまで放置した後、水に溶かした重曹を塗る。
色が復活します。
重曹の水溶液は、**p.108**で分かるようにアルカリ性を示します。
空気中の二酸化炭素のために、中性で無色になった指示薬の色が、重曹のアルカリ性のために復活したのです。

ここまでは、まだ序章。
次はいろんな紙に塗ってみましょう。

いろいろな紙に塗ってみる

【用意するもの】

・レシート
・新聞紙
・白い紙(コピー用紙、できれば数種類)
・白い紙(ノート)

[1] レシート(おもて側)、新聞紙、コピー用紙、ノートに、色が消えるのりを同量になるように塗り、観察する。

ノートやコピー用紙は、おおよそ同様に色が着きます。
新聞紙は、ノートやコピー用紙と比べると、やや薄く着く感じです。
レシートは、ほとんど色が着くことなく、塗った端からすぐ消えます。他の紙とは違う速さです。

ちなみに、レシートの裏側は、他と同様に、色が着いてからしばらくすると、普通に消えます。

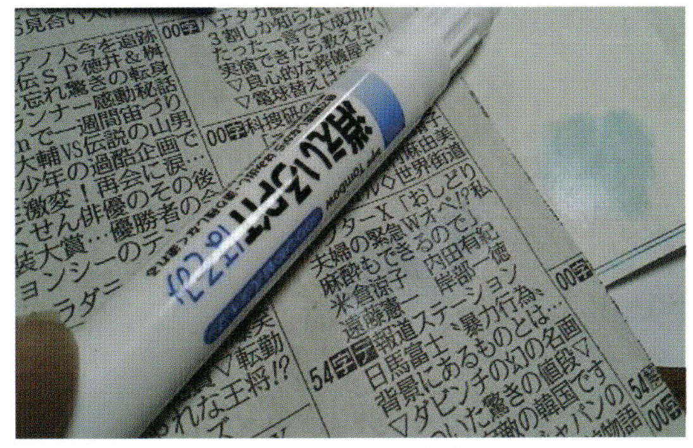

いろいろな紙で実験

これらの違いは、どうして出てくるのでしょうか。

レシートはとりあえず置いておき、他の紙の違いから考えていきましょう。

印刷用紙には、「酸性紙」と「中性紙」がある

先ほど説明したように、消えいろピットは、紙の酸性成分と反応します。

印刷用紙には「**酸性紙**」と「**中性紙**」があるようで、新聞紙は**酸性紙**の部類に入ります。

酸性紙は安価に作れるため、新聞紙のような長期保存の必要性がないものに使われています。
そのため、色が消えるのりのアルカリ性の成分と、新聞紙の酸性の成分が反応して、透明になったのです。

コピー用紙の中には、同じ白い紙でも、他と比べて少し早く色が消えたものはなかったでしょうか。
あったのなら、それは酸性紙だったのかもしれません。

酸性紙と中性紙の見分け方

酸性紙と中性紙は、どうやって見分けたらいいのでしょうか。

これにはいくつか方法がありますが、いちばん簡単だと思うのが、**燃やしてみる**ことです。

燃えカスが“少し灰色がかったり、白かったりするもの”は、中性紙。
燃えカスが“黒いもの”は、酸性紙――と判断すると、おおよそ間違いはないようです。

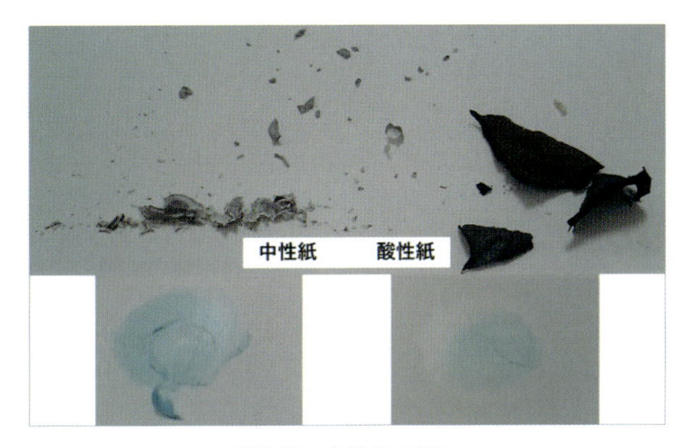

酸性紙と中性紙の違い

このような違いが出てくる原因は、(株)吉田印刷所のサイトで、

> 酸性紙の硫酸分による炭化促進によって炭化物ができ、灰が黒っぽくなるからです。
> 一方、中性紙には、その作用がないので、白っぽい灰色になります。

というように述べられています。

火傷しないように注意して、確認してみてください。

> http://dtp-bbs.com/road-to-the-paper/basic-lecture-of-the-paper/basic-lecture-of-the-paper-008-3.html

レシートの秘密

では、ほとんど色が着くこともなかったレシートでは、どんな変化が起こっていたのでしょうか。

＊

レシートは、**「感熱紙」**で出来ています。

感熱紙という文字の通り、「熱」を感じる紙で、熱を加えることによって文字を表示しています。

レシートの表面には、熱が加わると反応を起こす物質が塗ってありますが、そのひとつが酸性を示すものなのです。

それで、色が消えるのりをレシートに塗ると、レシートの表面に塗ってあった酸性の物質と反応するため、色がすぐ消えます。

(レシートについては、p.103も参照してください)。

1-3 ペーパークロマトグラフィーもどき!?

Key Word 色素、クロマトグラフィー、2軸展開

水性ペンの色を分ける

絵の具でピンクを作るには、「白」と「赤」を混ぜます。

では「黒」はというと、さまざまな色を混ぜることによって作り出すことができます。

おそらく、黒ペンは、いくつかの色素を混合して作っているのでしょう。

そして、このような混合されたものを分解する、**「クロマトグラフィー」**という方法があります。

ちょっと難しい名前ですが、今回はこの原理を使ってペンの色を分解してみます。

紙を使うので、ペーパークロマトグラフィー。

本書ではこれを簡易的に試すので、「ペーパークロマトグラフィー“もどき”」というところでしょうか。

「水性ペン」の色素を水でにじませて、色を分けるイメージです。

水性ペンを「ペーパークロマトグラフィー“もどき“」で分ける

【用意するもの】

- いろいろな色の水性ペン(100円ショップのもので可)
- ろ紙(ホームセンター・ネットで購入可)なければコーヒーフィルター
- 割りばし
- 透明カップ
- 鉛筆

このラボは、以下の手順で進めてください。

[1] 丸い「ろ紙」や、コーヒーフィルタは、下記のように四角形にカットする。

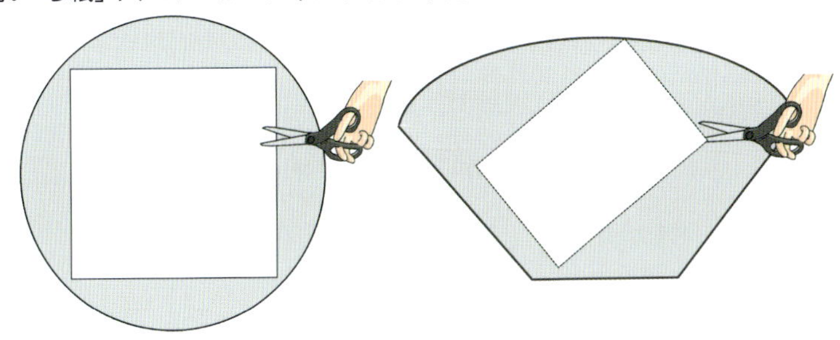

市販のコーヒーフィルタはいくつかの紙質があるようで、つるりとしたものではなく、吸水力がいいオーソドックスな「白の紙フィルタ」が適しています。

カットするサイズは、大きなほうが使い勝手がいいです。
四角形に切り出すのは、水の吸い上げを一方向にするためです。

[2] カットしたものに、次の図のように鉛筆で「×印」を書く。

吸い上げる目安は、紙とペンの相性で違ってくるのですが、まずは真ん中くらいにしておきましょう。
鉛筆で書くのは、鉛筆は水にぬれてもにじまないからです。

[3] ×印の横と上に、調べる色ペンの点を打ち、「割りばし」で紙をはさむ

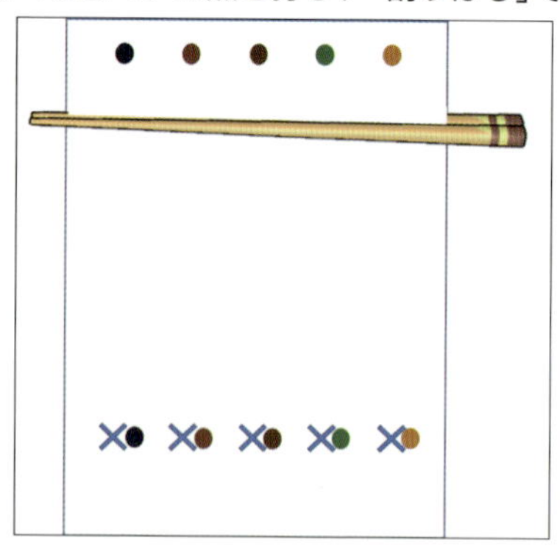

上に点を打つのは、何色を実験したか確認できるようにするためです。

鉛筆の粉（黒鉛）が影響してはいけないので、色ペンで点を打つ位置は、「×の横」がいいでしょう。

[4] 紙の端が水がつくように割りばしを調整しコップにひっかけ、水を上昇させる。目安の線まで上昇したら、水から上げ、乾燥させて、色の変化を観察。

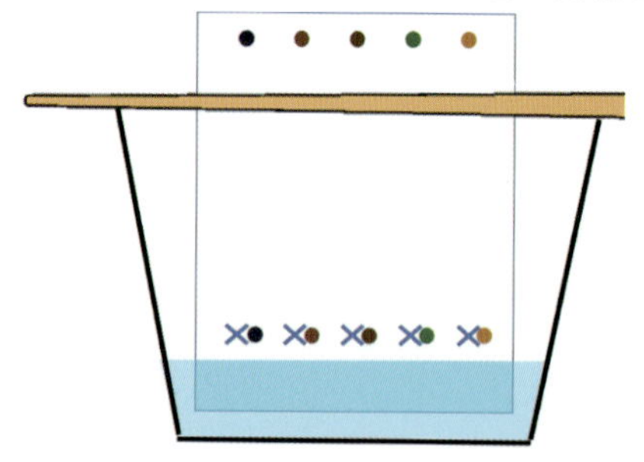

次の写真のように、色ペンの色が分かれました。

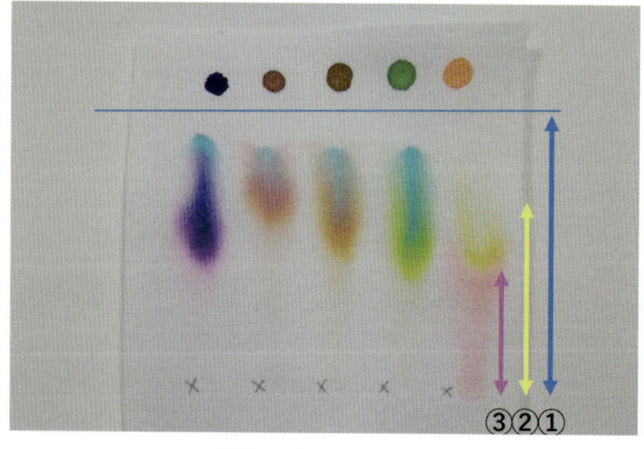

複数の色に分離した

いくつか考察してみましょう。

①ろ紙の真ん中あたりで水から上げましたが、最終的には青い線まで水は上昇しました。右のオレンジは、ピンクと黄色の色素が現われました。水の高さを１とし、水：黄色：ピンクの比を確認しておき、単色のピンクや黄色の色素を同様に『クロマトグラフィーもどき』をして同じ比になれば、今回のオレンジに使われている、黄色とピンクの色素と考えることができます。

②左から２つ目と３つ目の、茶色の結果を比較してみましょう。同じように見える茶色ですが、左のほうが若干赤の色素が含まれていることがわかります。

③右から２つ目と１つ目の、緑とオレンジを比較してみましょう。おそらく同じ黄色の色素が含まれていることが分かります。

左端の紺色は、ピンク・青・水色などの色素が見えますが、判然としていません。こういうときは、もう少し詳しく見てみることにします。

「２軸展開」をしてみる

今度は、黒水性ペンを例に使い、少し詳しく「ペーパークロマトグラフィーもどき」を試してみましょう。

先ほどと同じようにろ紙をカットして、と「×印」と「黒の点」を打ちます。

次の図のように、点を打つのは端っこにします。

黒の点を打つ

以降は、次の手順に沿って作業してください。

[1] 先の実験と同様に、上の紙をペーパークロマトグラフィーもどきする
次の図のように、①の方向に展開したものを、充分に乾燥させる。

[2] その後、90°向きを変えて、②の方向に展開させるために水につけ、乾燥させる。

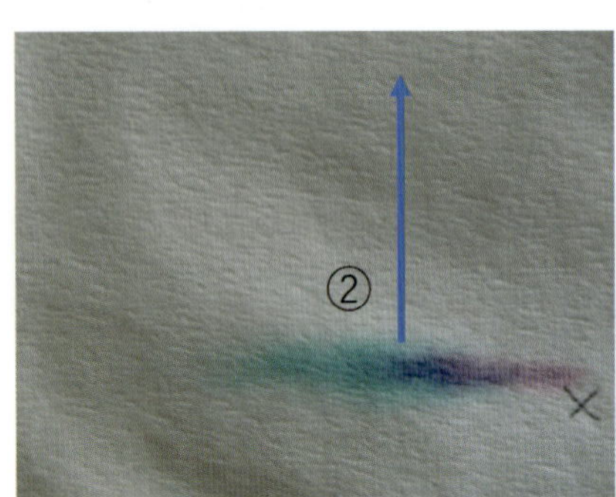

結果が次の画像です。
上記の作業で、点線の方向に展開したことになります。

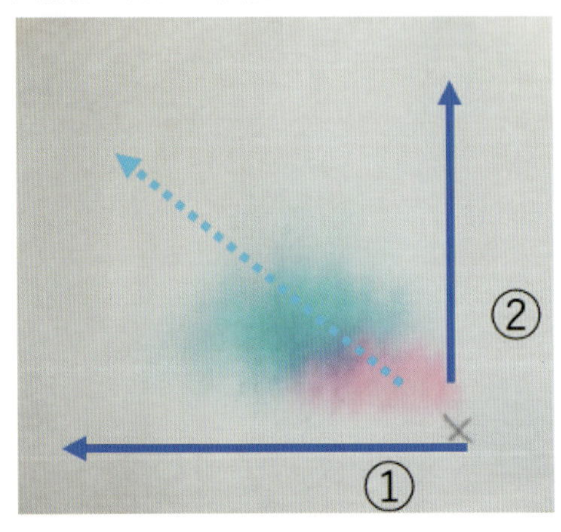

手順の実行結果

「紫」に見えていた部分は、「ピンク」と「青緑」が重なっていたのでしょう。
以上から、黒ペンは、「ピンク」と「青緑」の色素を混ぜて作っていると考えられます。

＊

縦横２軸に展開することで、正確性が増したようです。
もちろん、違う色素だとしても、水との相性がまったく同じであれば、伸び方は同じになります。
そういった場合も、「２軸展開」が使えます。２回目の展開を水とは違うもの、たとえばアルコールなどで行なうと、一度目では分離できなかった色素を、分離することもできるようになります。

では、最初の作業では、なぜ判然としない結果が出たのでしょう。
それは、おそらく、紙の作りが均一ではないためだと思われます。

ろ紙でも、厚みがあったり方向性があったりします。ましてや簡易的な「コーヒーフィルタ」の場合は、見た目でもわかるように凸凹した作りのため、判然としないことが起こりやすくなります。

「ペーパークロマトグラフィー」の原理

「クロマトグラフィー」は、物質を分離したりするときに用いられる方法です。

今回のように紙で行なうのは「ペーパークロマトグラフィー」。

ずいぶん古典的な簡単な方法ですし、ペーパークロマトグラフィー“もどき”と“もどき”を付けたのは、とても大雑把な方法で行なったからです。

正式な方法では、×印に色ペンで点を打つのは、とても小さな点にする必要がありますし、空気の流れなどの影響がないようにもしなければいけません。

また、どこまでも水を上げすぎてはいけません。

ペーパークロマトグラフィーは、水に対してどれだけ上がったかで、物質が何かを判定する方法だからです。

しかし、本書のような実験では、充分に利用する価値はあるので、「ペーパークロマトグラフィーもどき」で色を分離できる理由を解説しておきましょう。

たとえば、先ほどのラボでも分かったように、黒色の水性ペンは「黒色」だけで出来ているわけではありません。いくつかの色が合わさって、「黒色」に見えているのです。

「コーヒーフィルタ」を水につけると、フィルタの細い隙間を水が上がっていきます(**毛細管現象**)。

そのため、水が「黒色の水性ペン」で書いた点に到達すると、ペンに含まれるいくつかの色素は、それぞれの色素が、水と相性がどれだけ良いかによって、上に移動する様子が違ってきます。

水と相性が良い色素は、水とともに上まで移動し、相性の良くない色素は、あまり伸びずに留まるのです。

このような理由から、「黒色の水性ペン」に含まれるいくつかの色を分離することができるのです。

また、水ではなく別の液体、たとえば「アルコール」で分離すると、アルコールとの相性の良さで移動の仕方が変わるため、また違った結果になります。

下の画像は、同じ水性ペンを水とアルコールで丸く展開したものです。右と左では、様子が違うのが分かりますか？

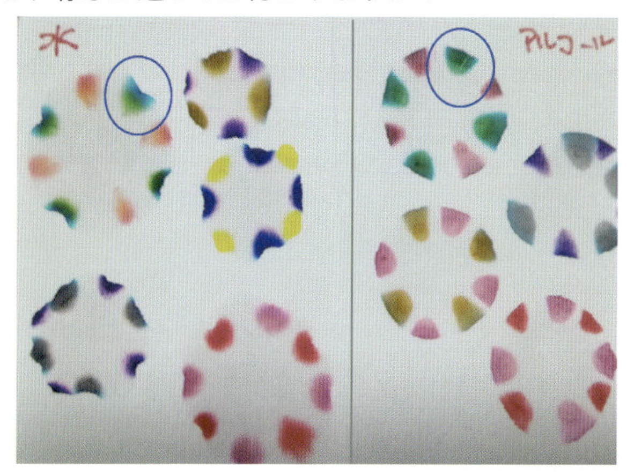

左が水　右がアルコール

右のアルコールのほうは、きれいにまん丸く広がっていますが、左の水のほうは、外側が少し凹んでいます。

また、よく見ると、同じペンの色でも、アルコールでは出てこないけれど、水では出てきた色もあるようです。画像青丸の部分は、同じ緑色の水性ペンを展開していますが、水とアルコールでは、出てくる色が違っています。緑色の水性ペンに含まれる色素が、水とアルコールでは相性が違ったからです。

家庭にある、消毒用アルコールや料理酒などで、比較実験はできます。ぜひ、トライしてみてください。

＊

クロマトグラフィーには、「ガスクロマトグラフィー」「液体クロマトグラフィー」「薄層クロマトグラフィー」「カラムクロマトグラフィー」など、移動相（移動させるもの）によっていろいろな方法があります。

化学の世界では、非常にオーソドックスな方法です。

参考サイト https://hmslab1.jimdofree.com/2019/08/29/食用色素でペーパークロマトグラフィーもどき

1-4 スパイペン

見えないインクを見えるようにするライト

「シークレットペン」「スパイペン」などの名称で、100円ショップなどで販売されている、子どもたちに人気のペンを知っているでしょうか。

紫外線ライトがついたペン

そのペンで書いた文字は、普通には見えないのですが、ペンについている紫外線ライトを当てると、書いた文字が見えてくる、というものです。

このペンを使うと、文字以外の身近な日常品のヒミツも見えてきます。

さっそくラボしてみましょう。

日常品のヒミツを探る

身近なものを、紫外線ライトで照らしてみましょう。

注意点として、紫外線ライトは直接、目にしないようにしてください。失明の恐れがあります。

【用意するもの】

- シークレットペン(100円ショップなどで購入可能)
- 白いもの(軍手、キッチンペーパー、シール、コーヒーフィルタ、マスク、コピー用紙など)
- 洗濯した洋服
- 使用ずみのハガキ
- パスポート
- 1万円札
- クレジットカード
- 夏みかん
- チョコラbb
- 入浴剤(バスクリンの黄色202という色素が入っているもの)
- アコヤガイ(手に入れば)
- マユ(手に入れば)
- ウランガラス(手に入れば)

[1]白いものに、ライトを当ててみて、青白く輝くものとそうでもないものに分けてみる。

あまり変化がないものは、「コーヒーフィルタ」「キッチンペーパー」などの、身体や食品と直に接するようなものが多いようです。

他にも、「包装材」「紙ナプキン」「脱脂綿」「ガーゼ」などが挙げられます。

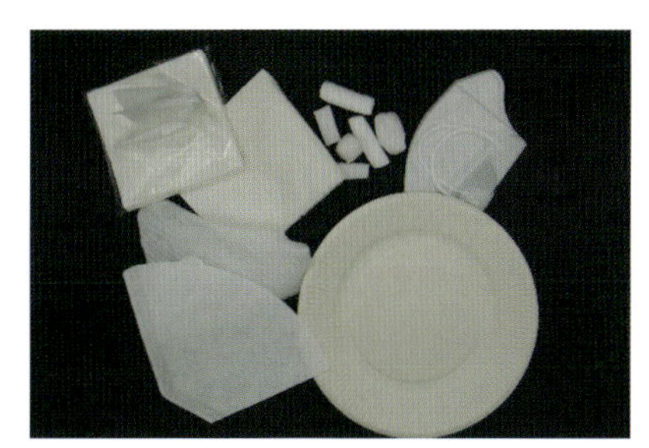

(左)は光らないもの、(右)は青白く輝くもの

[2]洋服に、ライトを当ててみる。

白くなくても、輝く部分があると思います。

これは、洗剤に使われている**蛍光増白剤**によるものです。

「蛍光増白剤」は、紫外線などが当たると白さを増すという特長をもっており、そういった物質が使われている洗剤にライトを当てると、青白く輝くのを観察できます。

もともとの繊維や糸に、蛍光増白剤が使われていることもあります。

> ※蛍光増白剤が使われている衣類の黄ばみに青い光を足すと、白っぽく見えて、黄ばみを感じにくくなります。
> 蛍光増白剤は紫外線が当たると効果が出ますが、紫外線は太陽光や蛍光灯などの光に含まれています。
> しかし、最近はLEDの光が使われる環境も多くなってきているため、そのような環境下では、蛍光増白剤は効果が見られにくいかもしれません。

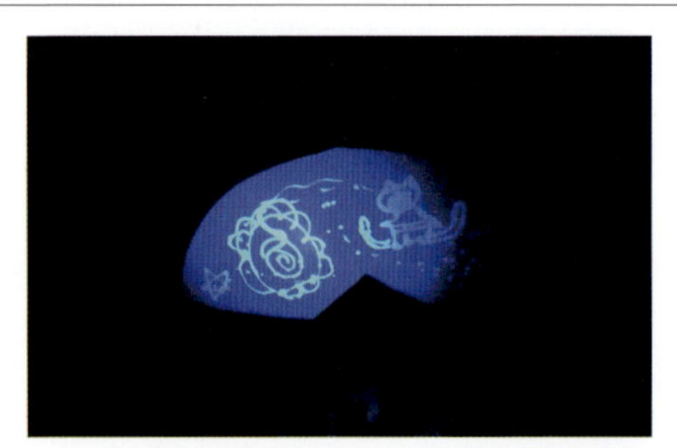

コーヒーフィルタに蛍光増白剤入りの洗剤で絵を描いたもの

[3]「1万円札」「パスポート」「使用ずみのハガキ」にライトを当ててみる。

1万円札やクレジットカードなどには、偽造防止のために、紫外線が当たると、像が浮き出てくる仕組みがあります。

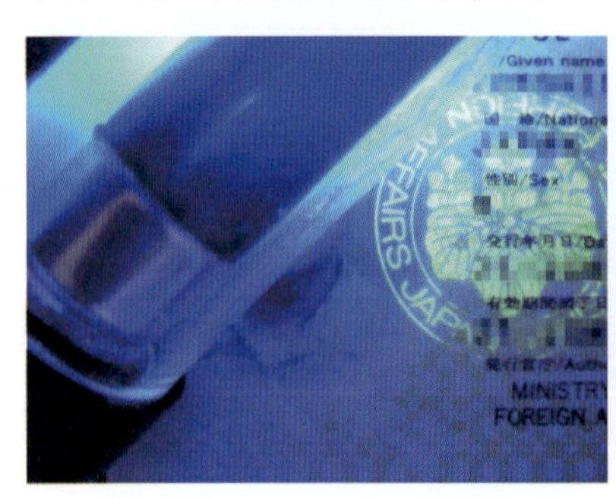

パスポートとクレジットカード

また、使用ずみのハガキは、バーコードが浮き出てきます。

可視化しないでもいい情報が印字されているのです。

同じような理由で、遊園地の入場のスタンプなども、紫外線が当たると浮き出るインクが使われています。

使用済みのハガキ

[4] 夏みかんの皮の汁をコーヒーフィルタにかけて、ライトを当てて見る。

汁がかかった部分が、輝きます。

汁がかかり輝く部位

夏みかんの皮には、紫外線が当たると、蛍光を発するような成分が含まれているようです。

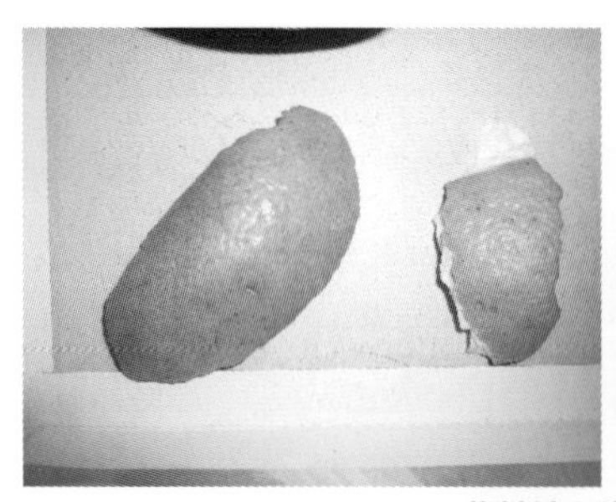

紫外線を当てると輝く

この他にも、エーザイ社の「チョコラBB」という医薬品にライトを当てると、光り輝きます。

紫外線を当てると光るチョコラBB

チョコラBBには、紫外線を当てると光るビタミンB2が含まれているためです。
その他にも、アコヤガイ、マユ、ウランガラスや、先ほど出てきた蛍光増白剤入り洗剤にも、紫外線を当ててみましょう。

それぞれ、光り輝いていることが分かります。

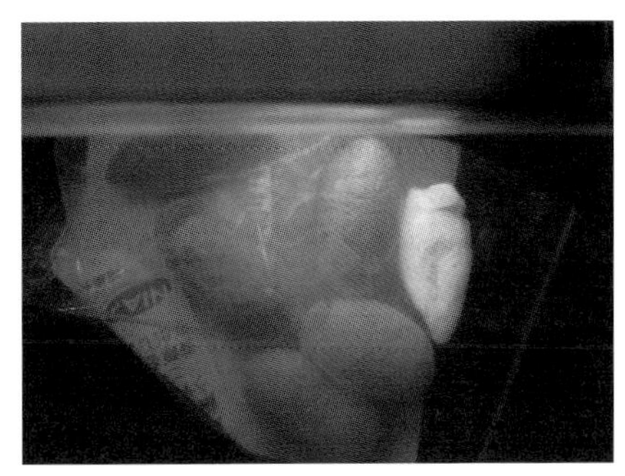

発光するアコヤガイ（左）、マユ（右）

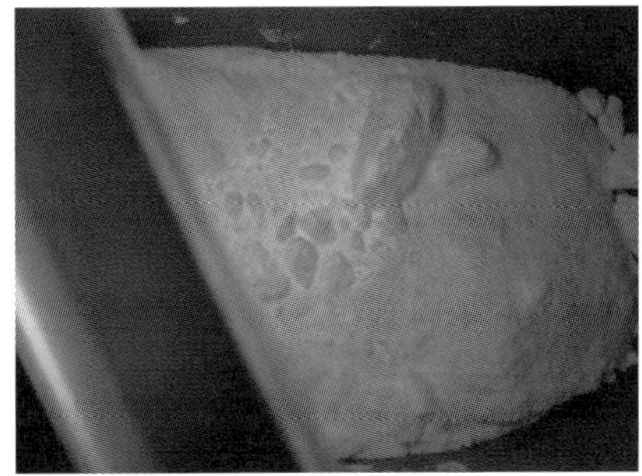

発光するウランガラス（左）、蛍光増白剤入りの洗剤（右）

※紫外線ライトの波長は、商品で違いがあります。本書の画像とは、違った見え方になるものもあるかもしれません。手に入る紫外線ライトを使って、トライしてみてください。紫外線ライトは、直接目にしてはいけません。

参考サイト　https://omoshiro.home.blog/2016/12/04/post_407/

1-5 科学でマジック：スプーン？曲げと透視実験

Key Word 透視・科学マジック・繊維

マジックみたいに見せた実験

ハンドパワーや透視実験、そんなところにも科学が隠れていたりします。ふしぎな現象を見せて、誰かをびっくりさせてみませんか？

Lab スプーン？を曲げる

スプーン曲げ、やったことありますか？

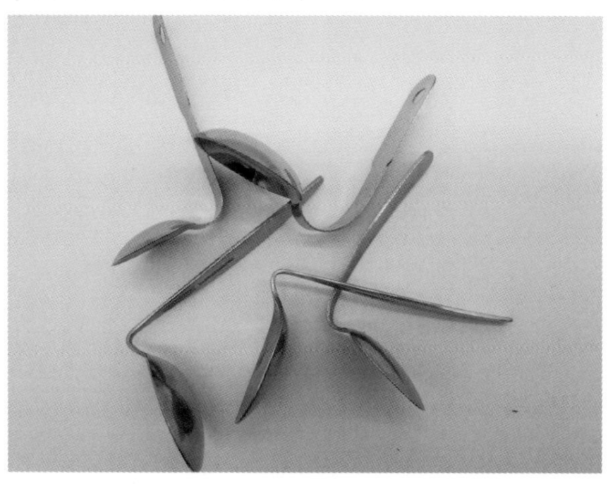

「てこの原理」で曲げられたスプーン

実はスプーン曲げも、科学マジックのひとつ。小学校で学習する「てこの原理」で解明できます。でも、今回のラボはちょっと違います。「スプーン？を曲げる」と、スプーンに「？」がついています。

ちょっとふしぎで楽しい「スプーン」を曲げてみましょう。

【用意するもの】

- トレーシングペーパー：A4サイズなどで100円ショップで販売している
- 油性ペン

「ラボ」は、以下の手順で行なってください。

[1]トレーシングペーパーを図の様な向きで切り出す。大きさは、手のひらに乗るくらい

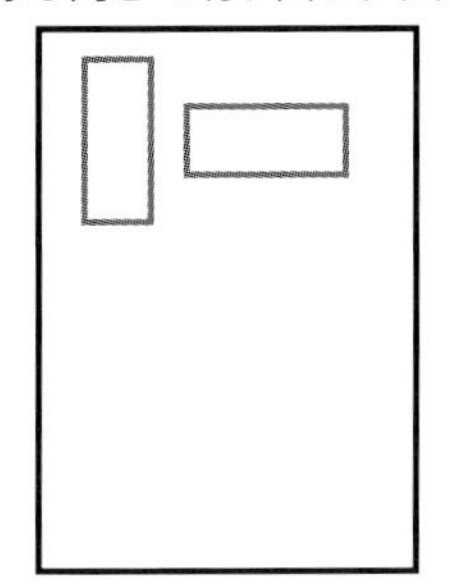

みんなに見せるなら、12×5㎝くらい　子供用だと、6㎝×2.5㎝くらい

[2]縦向きに切り出したものと、横向きに切り出したものを、それぞれを手のひらに置くと、曲がり出す。
長辺の向きにまがったものにスプーンの絵を、短辺の向きにまがったものにフォークの絵を描く。

曲がる方向が違う

スプーンとフォークの絵

[3]マジックのように見せる。
「紙に描いたスプーンを曲げてみます」「一緒に、曲がれ！曲がれ！と唱えてね！」などと言って、トレーシングペーパーにスプーンの絵を描いたものを手のひらに置きます。みるみるスプーンが曲がります。

みるみる曲がるスプーン

曲がったスプーンの紙をテーブルの上に置き、「もどれ！もどれ！」と唱えます。すると、トレーシングペーパーは元に戻ります。

次は、「フォークは曲がるかな？」と言って、フォークを描いた紙を手に置きます。曲がるけど、違った方向に曲がってしまいます。

どうしてトレーシングペーパーが曲がったのか

このラボで、トレーシングペーパーが曲がったのは、どうしてでしょう？
和紙やティシュペーパーをさいてみると、さけたところは糸のようなもの(繊維)が見えます。また、ティシュは、裂けやすい方向があると思います。

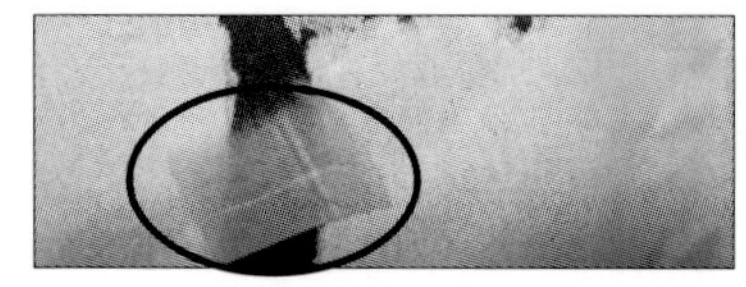

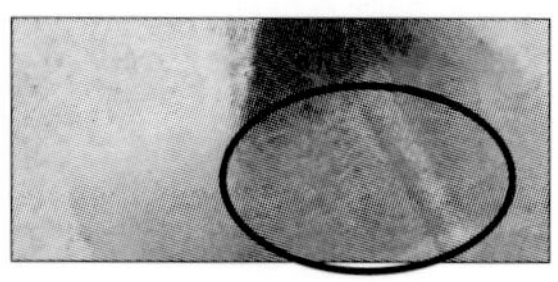

ティシュと和紙(丸で囲んだ部分)　和紙の裂けた部分からは繊維が見える

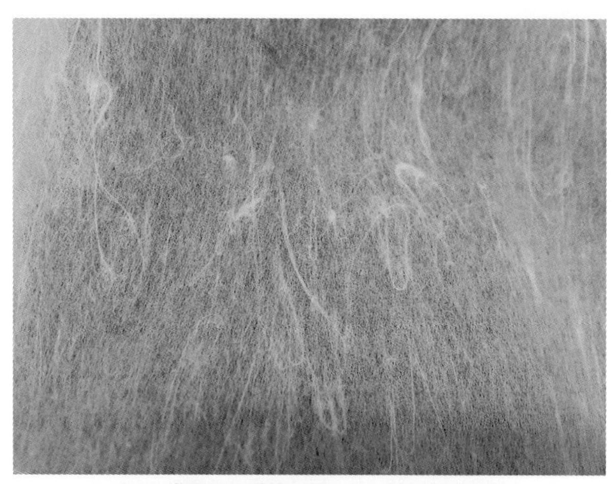

和紙:幾層にも繊維が重なり、方向性もある

和紙やティシュやコピー用紙は、植物の繊維が絡み合い、幾層にも重なっています。そして、紙の繊維は水にぬれると、膨らみます。

スプーンを描いたトレーシングペーパーは、紙と同じく繊維でできています。
トレーシングペーパーは、湿気をとても吸収しやすく、吸収するとそちらの面(手に載っている側)が膨張し、曲がるのです。

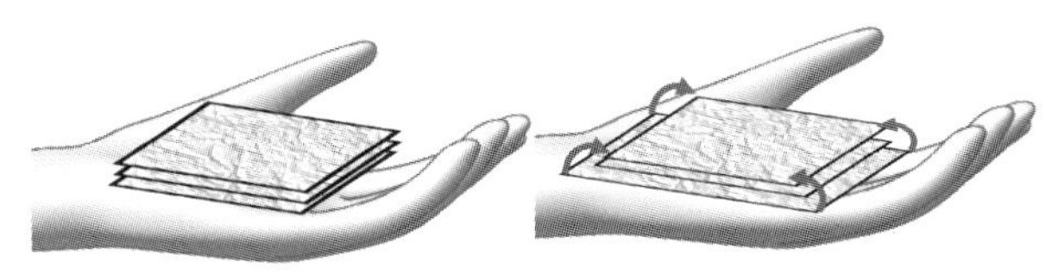
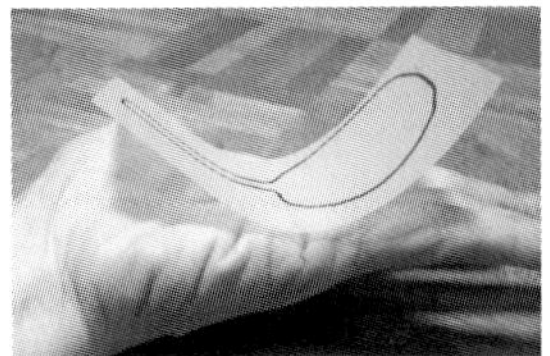

曲がるイメージと大きなトレーシングペーパーでの様子

コピー用紙も、トレーシングペーパーと同じ植物の繊維製なので、同じように変形します。でもトレーシングペーパーは、はるかにその変化が大きいのです。

丸まったトレーシングペーパーを机に置くと、湿気を出すので、また元に戻ります。

どうして曲がる方向が違ったのか

紙は、その作り方によって繊維の並びに方向性があるようです。ティッシュをさいたときに、さけやすい方向があった理由です。繊維の並びによって、トレーシングペーパーも、曲がりやすい方向があり、それで曲がる方向にあわせて絵を描いて、マジックにみたいにしてみました。

おまけで、セロファンでも遊んでみましょう。セロファンは、プラスチックのフィルムのようですが、繊維を使って作られています。**[1]**と同様に切り出し、曲がる方向を確認しましょう。

スプーンのように曲がったほうに、棒人形を書いてみました。

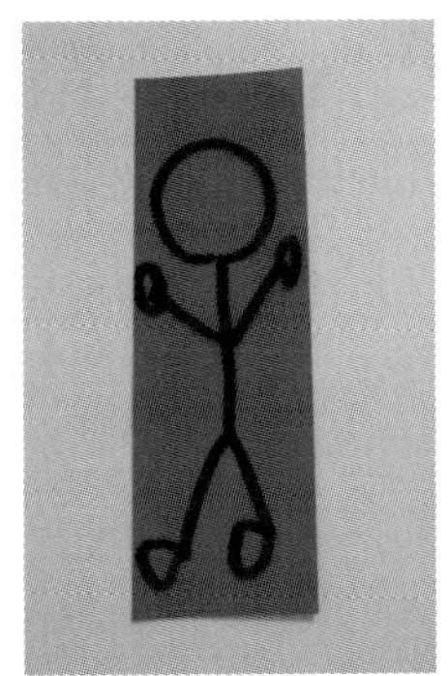

棒人形を描いたセロファンと曲がった様子

大きさを6cm×2cmくらいにすると、でんぐり返りをしたり不規則に動きだしたり、おもしろいように動いてくれます。

この「スプーン？曲げ」は、大人より子供のほうがとてもよく曲がります。それは子供の手のひらが、とても汗ばんでいるからです。トレーシングペーパーを持っただけで曲がり始めることもあります。子供の満足げな顔がうかがえるラボです。

100円ショップでは、繊維でできたセロファンではないプラスチックのフィルムも、セロファンとして販売していることがあります。

セロファンは1908年(明治41年)に、スイスの化学者によって発明されました。初期は高級なお菓子の包装などに使われていたようです。現在広く包装に使われているポリエチレンが日本で生産されたのは、昭和に入った1950年代のこととなります。

参考サイト　https://www.spstj.jp/publication/archive/vol22/Vol22_No3_1.pdf

参考サイト　https://omoshiro.home.blog/2021/01/30/ハンドパワーでできるかな？/

透視実験

科学的透視なら、X線・超音波・MRIなど、思いつきますが、今回はおうちでできる透視実験。とっても簡単だけど、ちゃんと科学的理由を説明して、ちょっとした工作もやってみましょう。

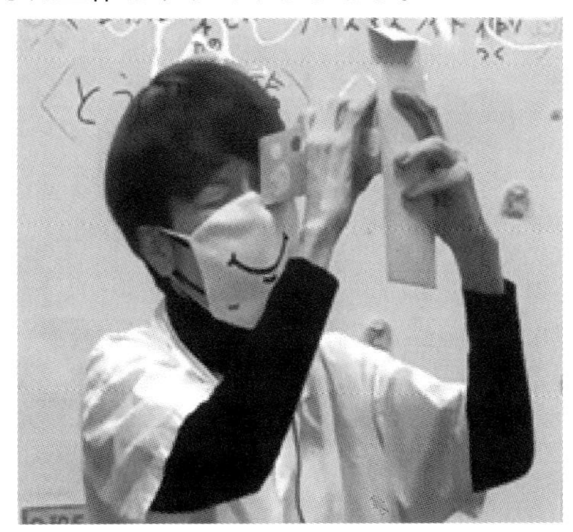

封筒の中身を透視

【用意するもの】

- 茶封筒：2枚
- 黒マジックで文字を書いたトレーシングペーパー：数種
- 折って筒になる厚紙

「ラボ」は、以下の手順で行なってください。

[1] 茶封筒を二重になるように重ねる。のりしろが真ん中ではなく端になっているものがよく、無い場合は、A5サイズくらいのものをカットする。

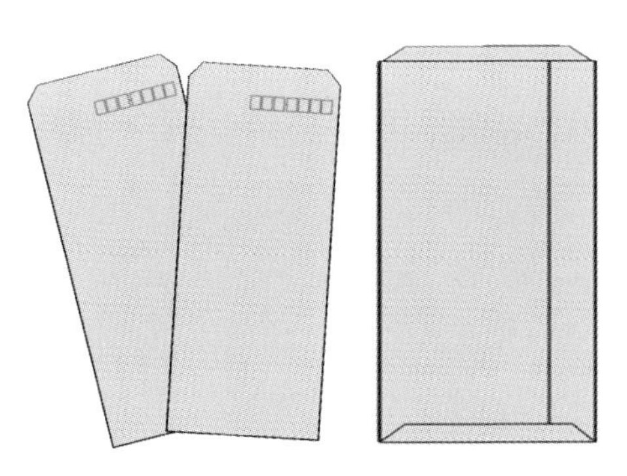

のりしろは、端になったほうがいい

[2] 封用に入るサイズのトレーシングペーパーに黒マジックで文字を書いたものを３種ほど用意する。

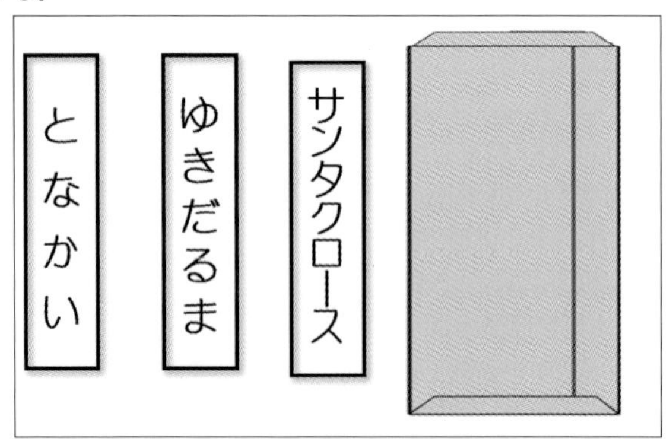

クリスマスバージョンの文字を書いたトレーシングペーパー

[3] 厚紙に折り目を付け筒になるようにする。

筒：右のものを折りたたみ、左のような筒にする

[4] 二重にした茶封筒に、紙のうちのどれか１枚を入れてもらう。
筒の形状は、何でも構いませんが、ただのペラペラの厚紙から筒にした方が、タネも仕掛けもないということをアピールできます。

[5] 厚紙を折って筒にし、それを封筒に当てて、中の紙の文字を透視する。

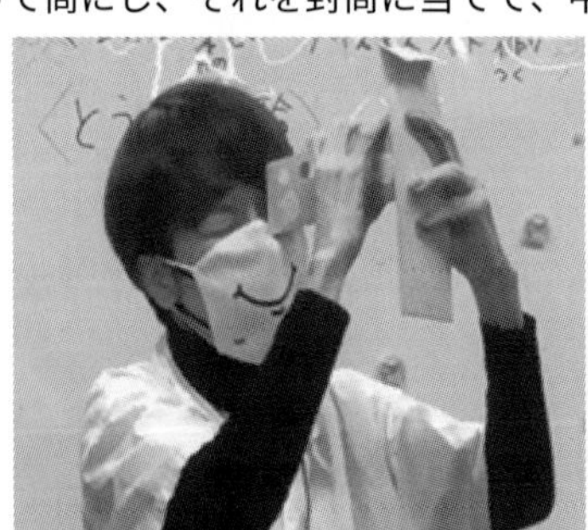

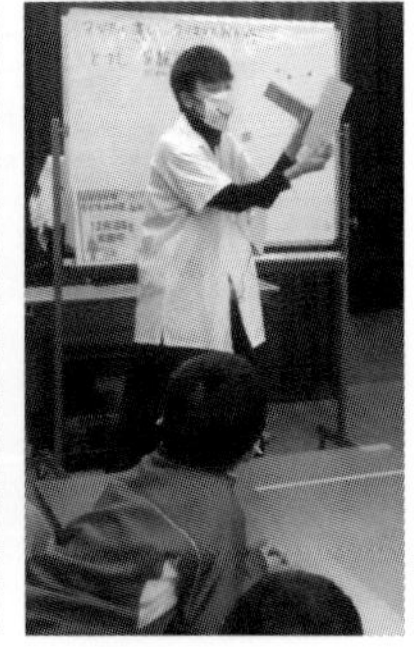

透視！？実験

二重にした封筒に紙を入れてすかしてみても、中の紙に何を書いたかはわかりません。でも、筒を通していると、中の文字が見えてきます。

無理に上左画像のように明るいほうに向けなくても、上の右画像ほどでもだいじょうぶ。まるで透視ができているようです。

どうして透視ができたのか

何の仕掛けもない筒を使うと、どうして封筒の中身が見えてくるのでしょうか？

人間は、太陽や蛍光灯などの光がないと、物を見ることはできません。

白い紙の上に✲の絵が書いてあったとします。

白い紙に、電灯や太陽の光が当たると、白はほとんどの光を反射するので、白く見えます。黒はほとんどの色の光を吸収するので、目に届く光が無くなり黒く見えます。

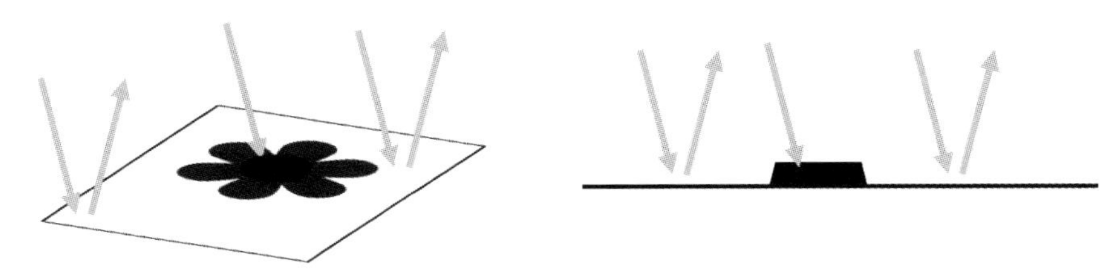

白い紙に✲の絵を描いたものを白い封筒に入れます。すると封筒の表面で、ほとんどの光が反射されてしまうので、中に何があるか、わかりません。

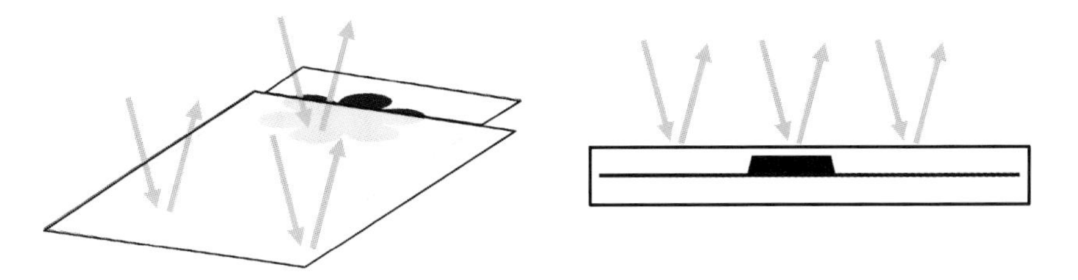

しかし、ほとんどって書いたように、白い紙も、わずかに光を吸収（透過）しています。

ただ、表面で反射する光のほうが多いので下左図のようにわからないのです。

次の右図のように、裏からも光は当たっています。

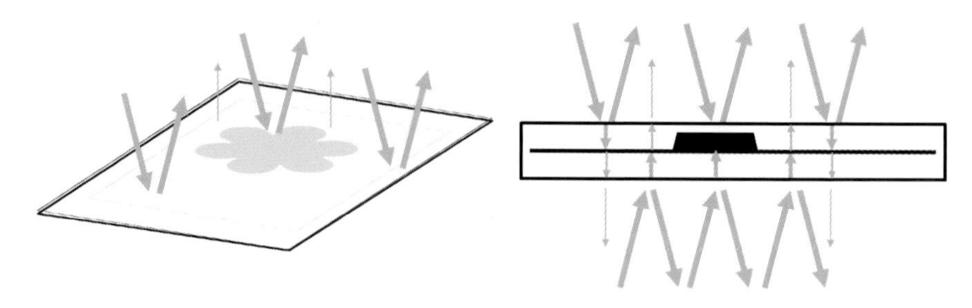

そこで、筒を当て、そこからのぞくようにし、他の光をなくします。
すると、今まで目立たなかった透過光が、目立つようになり、✲が見えるようになるのです。

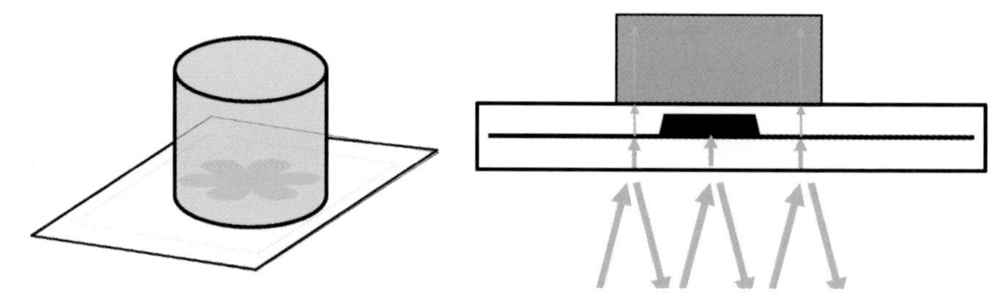

確認実験として、部屋を暗くして、封筒の後ろか懐中電灯のようなライトを当ててみましょう。後ろからの光が多くなり、中の書いた文字が浮かび上がりますよ。

お手軽実験で確認

ちょっとしたお手軽確認実験をやってみましょう。

【用意するもの】

・折り紙：紫色・黒
・トレーシングペーパー
・油性マジック

「ラボ」は、以下の手順で行なってください。

---

[1] 黒折り紙の黒いほうを内側にして筒にし、セロハンテープでとめる。筒の直径は、6cmくらい。

[2] 紫折り紙の紫のほうを内側にして半分に折る。

[3] [2]の中に入るくらいのトレーシングペーパーを用意し、それに黒油性ペンで文字などを書き、はさみこむ。

[4] [3]を机の上に置き、黒折り紙の筒を使って上から観察する。
この場合は、中の文字は見えません。

[5] [3]を机から少し上にあげ、黒折り紙の筒を使って上から観察する。

机から5cm程上げると、見えてくる

[6]紫折り紙の折り方を逆にして、筒を通さずすかして文字の見え方を観察する

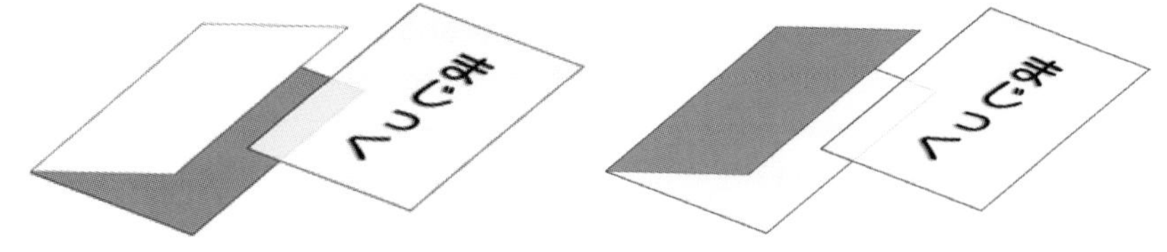

白を表面にしたほうが、文字が見えにくい

中の文字が透視できた理由は、先ほどの説明の通りです。

白が外のほうが見えにくかった理由

先ほどの**[6]**で、白を表面にしたほうが見えにくくなったのはどうしてでしょう？

表面が白いほうが、跳ね返す光が多くなるので、明るくなり、見えにくくなるのです。それで、透視実験の際には、外を白くしました。

よくある白い封筒の内側を見たことがありますか？薄紫の紙が内袋で入っています。透けて見えない工夫をしているのでしょうね。

折り紙についてですが、紫や青色折り紙が見えにくい傾向にありました。黄色折り紙は、最初から透けて良く見えてしまいます。いろいろ確認してみてください。

子供の中には、ほんの1㎝くらい上げただけで、見えてくる子もいます。聞いてみると、目がよい子が多いように思います。ほんのわずかの光を感じられるのでしょう。

また、今回は、一般的な折り紙を使いましたので、筒の長さは、約18㎝です。おそらく、大人では、筒をのぞいてピントを合わせづらいと感じる方もいるはずです。

人間がモノを見るときに、ピントを合わせやすい距離を近点距離といいますが、子供のころは、折り紙の長さの18㎝でも充分かもしれませんが、大人になったらもう少し長いほうがいいようです。

夜になると、星がきれいに見えますね。では、お昼に星は見えないのでしょうか？

そんなことはなく、お昼だってちゃんと星は出ています。しかし、太陽の光などで明るすぎるので見えていないのです。明るい星なら、望遠鏡で見えるようです。今日の透視と似ていますね。

参考サイト https://omoshiro.home.blog/2023/12/26/透過光：マジカル楽しいクリスマスライト作り！/

上記サイトでは、透視実験の原理を使った工作も行なっています。ぜひ、ご覧ください。

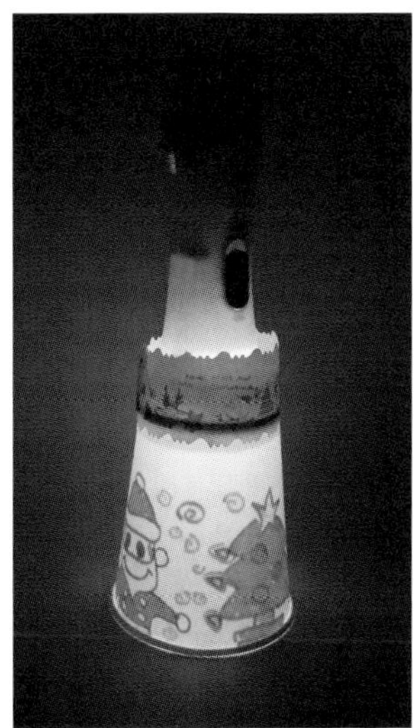

ライトをつけると、中が明るくなり、内側に描いた絵が透けて見える

第2章 ハンドクラフトを使った実験

「趣味の手芸」の材料は、最近では安価に手に入れることができるようになり、プロ顔負けのグッズが作れます。

子供の「おもちゃ」も、カラフルでかわいいものがいっぱいです。

これら材料の科学的な原理が分かれば、オリジナル・グッズが作れるかもしれません。

ぜひ、作って楽しんでみてください。

2-1　アイロンビーズ

ポリエチレン、熱変形温度、ポリマー、ゴム状態

柔らかくなって、くっつくプラスチック

カラフルなビーズを使って、手軽にポップな作品ができる「アイロンビーズ」。

アイロンビーズ（右下2つはペットボトルのキャップに付けた）

アイロンビーズを販売している（株）カワダのサイトでは、

> アイロンを使って、簡単にモチーフが作れる楽しいビーズです。
> 好きな絵や形にカラフルなビーズを並べて、アイロンで熱します。

と、紹介されています。

プラスチックを溶かして、冷まして、固めて作品にする。

ラボにならないような気がしますが…いやいや、そういう解釈は違うかも。
さっそくラボしてみましょう。

アイロンビーズをアイロンで熱する

まずは、普通にアイロンビーズを楽しんでみましょう。

【用意するもの】

・アイロンビーズとプレート(100円ショップなどで購入可能)
・アイロン(スチームは使わない)
・アイロンペーパー(100円ショップのクッキングペーパーでも代用可)
・ピンセット(手元にあれば)

次の手順で、作業を行なってください。

[1] アイロンビーズでプレートの上に好きな絵柄に置く。
[2] アイロンペーパーを上に置き、アイロンをかける。
[3] ゆっくりはがして、ひっくり返し、再度アイロンをかける。

短時間で簡単に作品が出来上がります。

アイロンの温度は、説明に従ってください。

アイロンビーズをホットプレートに乗せてみる

たとえば、140℃のホットプレートの上にアイロンペーパーを置いてビーズを並べたら、同じことができるのでしょうか。

実は、そう簡単にはいきません。

なかなかくっつかないのです。

温度が足りないのかな、ビーズの融点は何度だろう？と考えているうちに、しびれを切らして、上から指でぎゅっと押さえたりすると、くっついたりします。

これはどうしてでしょう。

実は、アイロンビーズは、ただ単にビーズに熱を加え、溶かしてから固めているのではなく、ビーズに**熱を加えて柔らかくしてから、力をかけくっつけている**のです。

「『アイロン』で、『熱』とともに力もかけること」、そして「とかしてではなく、柔らかくしてくっつけること」。

これがポイントなのです。

プラスチックは温度によって、「ガラス・ゴム・水あめ」の状態に？

アイロンビーズは、プラスチックで出来ています。

室温では硬いプラスチックは、温度を上げていくと、「ガラスのようなカチカチの硬い状態」から、「ゴムのように柔らかい状態」を経て、「水あめのように流れる状態」へと変化します。

硬い氷が0℃で”シャバシャバ”の水に一気に変化するのとは違う２段の状態変化を起こし、またその変化する温度には幅があります。

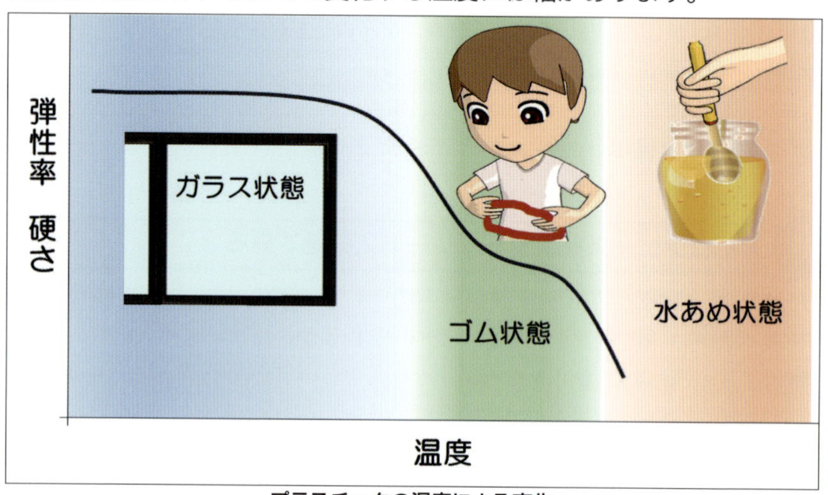

プラスチックの温度による変化

こういった、**「プラスチックが柔らかくなる温度」**を考える目安は、その測定方法によって、**「熱変形温度」「荷重たわみ温度」「ガラス転移温度」**など、いくつかの種類があります。

アイロンビーズの作成方法がそれぞれの測定方法と同じでないにせよ、参考にするといいでしょう。

ちなみに、アイロンビーズの素材は、ポリエチレン(低密度ポリエチレン)で、熱変形温度(18.5kg/㎝2)は、32～40℃です。

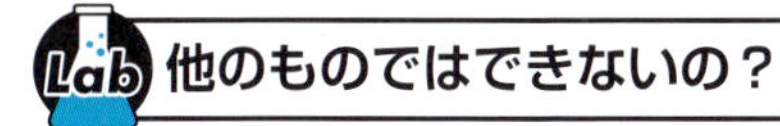

他のものではできないの？

身近な材料で、アイロンビーズの代わりになるものはないでしょうか。

100円ショップを回ってみたのですが、ポリエチレン製のものはあまり見つけることはできませんでした。

そこで、同じような粒はないかな？と思って探したところ、ポリスチレン製のBB弾が目に留まりました。

＊

これを使って、さっそくラボを開始しましょう。

ポリスチレン製のBB弾

【用意するもの】

・BB弾(100円ショップなどで購入)

[1] BB弾をプレートに乗せて、アイロン・シートを置き、アイロンで熱を加えて、アイロンビーズとの違いを見る。

時間がかかりますが、一応アイロンビーズと同じように作れます。

しかし、出来栄えは次の写真の通り、ちょっと残念な感じです。

BB弾で実験してみた結果

ポリスチレンの熱変形温度は、**「104℃」**。
ポリエチレンより、高温になるのに時間がかかったのでしょう。

また、形状が球体なので、力のかかり具合が均等にならず、たこ焼きみたいになりました。

アイロンビーズの筒状の形状は、圧力を均等にして、キレイに仕上げるためにも大事なのかもしれません。

プラスチックについての知識を深めよう

ポリエチレンはもっとも多く使われているプラスチックの一つです。

ポリエチレンは、プラスチック素材の中でもっともシンプルな構造であり、安価で加工しやすいため、大量に生産され、大量に消費されている材料です。

ポリエチレンを例に、プラスチックについてほんの少し、知識を深めておきましょう。

＊

そもそもプラスチックは、低分子のモノマーが、繰り返したくさん結合(重合)してできた「高分子」(ポリマー)で、ポリエチレンは、炭素原子２つと水素原子４つからなるエチレンを、たくさんつなげたものです。(**下図参照**)

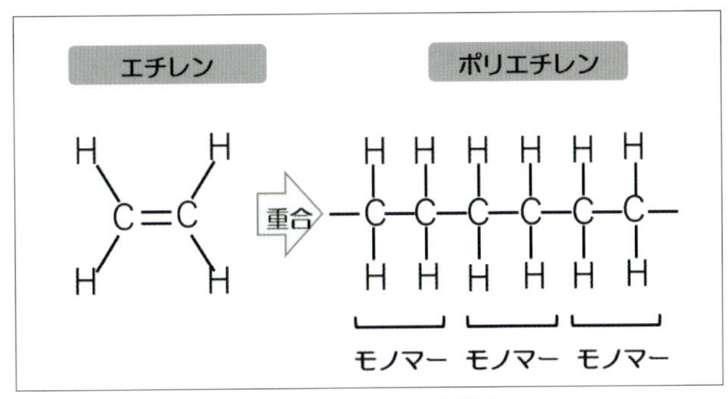

ポリエチレンの化学構造

ポリエチレンは、ラップフィルムやビニル袋などに使われています。

また、タッパー容器のふたには、ポリエチレン製のものがあります。

タッパー容器の本体は硬いポリプロピレンでしっかりさせて、ふたは開けやすいように柔らかいポリエチレン製のものを使っているのだと考えられます。

ちなみに、BB弾に使われているポリスチレンは、インサートカップなどに使われています。

熱変形温度は、104℃。熱変形温度が40℃ほどのポリエチレンでは、インサートカップの仕様は耐えられないでしょう。

参考サイト https://omoshiro.home.blog/2018/09/11/post_437/

2-2 プラバン

Key Word ポリスチレン、シュリンクフィルム、プリフォーム

伸ばされて形作られたプラスチック

「プラバン」(プラ板)とは、プラスチックの板に油性ペンで絵を描き、それをオーブントースターに入れて加熱し、縮めてオリジナルのキーホルダーなどを作る工作です。

子供にはもちろん、大人にも人気の工作で、経験した人も多いのではないでしょうか。

惣菜容器やインサートカップで作ったプラバングッズ

プラバンをやったことがあると、プラスチックは、「熱すると縮む」と思いがちですが、すべてのプラスチックが熱すると縮むわけではありません。

ここでは、プラバンをラボして原理を学び、プラバンを極めてみましょう。

身近な惣菜容器でプラバン

まずは、身近なもので、プラバンをやってみましょう。

【用意するもの】

- ・惣菜容器
- ・オーブントースター
- ・油性マジック
- ・アルミトレー

ラボは、以下の手順で行なってください。

【1】惣菜容器のフタを切り出す。

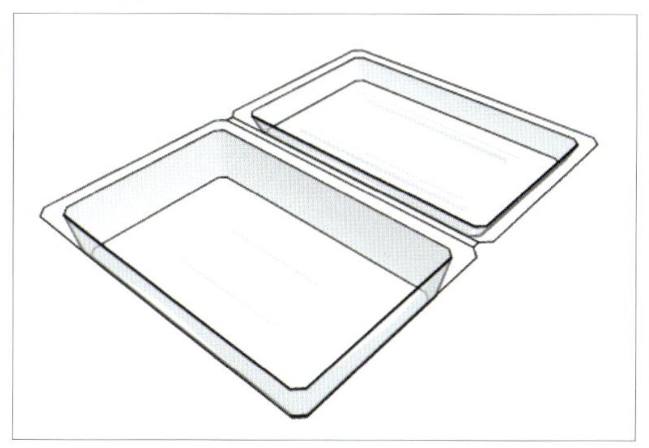

天板部分を切り取る

【2】切り出した部分に、油性ペンで絵を描く。

絵は自由に描いてOK。左は縮んだもの

[3] アルミトレーの上に置き、オーブントースターに入れて加熱。

オーブントースターの中で縮みはじめると、"ぎゅっ"と丸まり、その後は平たくなります。

[4] 縮まったら取り出し、すぐに上から平たいもの(本やトレー)で押さえて、キレイに平らにする。

おおよそ、3分の1ほどに縮みます。

どうして縮むのか

オーブントースターに入れた惣菜容器(プラスチック)は、どうして縮むのでしょうか。

プラスチックには、熱を加えると、縮む性質があるのかもしれません。

あまりなじみがないかもしれませんが、ペットボトルに張り付いているラベルもプラスチックで出来ています。

今回は、このラベルを使って、プラバンの原理に迫ってみましょう。

＊

ラベルには、次のような記号がついているものがあります。

ラベルについている記号

この画像から、ペットボトルは**「PET」**(ポリエチレンテレフタラート)。
キャップは**「PP」**(ポリプロピレン)、ラベルは**「PS」**(ポリスチレン)であることを示しています。

このポリスチレン製のラベル、ペットボトルに“ピタッ”と貼り付いていますが、どうやってこんなにピッタリに貼り付けられるのでしょうか。

まず、次の図を見てください。

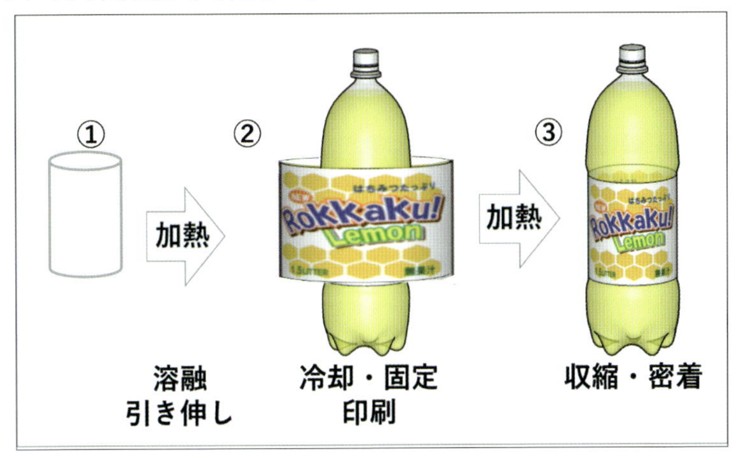

ラベルの貼り付け手順

実はこのラベル、最初は①のように細いものでした。
それに熱を加えて柔らかく(溶融)して、ペットボトルより太いくらいまで引き伸ばします。

その後、冷却して形を固定し、商品名などを印刷し、②のようにペットボトルにかぶせます(このときは、無理矢理引き伸ばされた状態になっています)。

これに熱を加えると、元の安定した状態に戻ろうと③のように縮み、ペットボトルにピッタリと貼り付くのです。

熱を加えると、縮むって、あれれ…プラバンと同じですね。
実は、ラベルは英語で**『シュリンクフィルム』**と言います。
シュリンクとは**縮む**という意味で、プラバンは**『シュリンクプラスチック』**と言うのです。

まさに、これがプラバン工作の原理。

プラバンに使われているプラスチックの板も、もともと無理矢理引き伸ばされているので、オーブントースターに入れ加熱すると、元の安定した状態に戻ろうと、縮むのです。

＊

p.55でも説明したように、プラスチックは、低分子のモノマーが繰り返したくさん結合(重合)してできた、高分子(ポリマー)です。

プラバン工作によく使われるポリスチレンは、スチレンをたくさんつないだものです。

そして、そのポリマーがたくさん集まって、“糸マリ”のようになっています。

分かりやすいように、ポリマーをペットボトルのラベルの説明の下に書いてみました。

＊

ラベルでの説明は、③の状態で終わりましたが、実はさらに熱を加えると、もう少し縮まる余地があります。

そのため、ラベルをペットボトルから外し、他の小さめの容器にかぶせて熱を加えると、さらに縮んで④のような面白いグッズが出来ます。

ポリマーの状態の遷移

写真は、ペットボトルなどから外したラベルを、上から時計回りに、スプレー容器醤油さしマッキーなどにかぶせて、熱湯につけて縮めたものです。

いろいろなラベルをプラバン工作

まずは、500mLほどのペットボトルのラベルを、120mLほどのボトルに「プラバン」して、コツをつかんでみましょう。火傷しないように、さっそくラボです。

500mLのラベル(中)を、120mLの乳酸飲料の容器(左右)に貼り付けた

ラベルでプラバン

【用意するもの】

- 500mLほどのペットボトル(大きいボトル)のラベル
- 120mLほどのボトル(小さいボトル):乳酸飲料R-1など
- キリ
- 箸やトング

「ラボ」は、以下の手順で行なってください。

[1] 大きいボトルをつぶしてラベルを抜き取る。とりにくい時は、外しにくい部分を先にカッターなどでカットしておく。

手前:つぶして抜き出す・奥:カットして抜き出す

[2] 左の写真のように、小さいボトルのラベルをはずし、水を入れる。キャップにはキリで穴をあけておく。
水が入っていると熱湯に入れたときにゆがみにくく、穴が開いていると中の水の膨張を避けることができる。

右:水をいれずに、熱でゆがんだボトル

[3] 大きいボトルから抜き出したラベルを、小さいボトルがはめられるくらいの長さ(高さ)にカットし、被せる。ゴムで緩くとめておく。

輪ゴムで止めるとずれにくくていい

ラベルが大きいのでダーツになるが、それほど気にすることはありません。ひとところに寄せるのではなく、何ヵ所かに分散してあげるといいです。

[4] 充分に沸騰しているお湯に、まず底をつける。すぐに縮むので、それから全体をつける。

熱いので、箸やトングを使うといい

[5] すぐに縮んで張り付くので、取り出して出来上がり(下左)。

右のように、もっと縮めることもできる

注意とコツ

ラベルは、はがしやすいように点々と小さい穴が並んでいるので、お湯から出したとき、そこからお湯が飛び出すことがあります。気を付けましょう。

ボトルが曲線の場合、図のような部分にラベルが沿う場合、まんなかに集まりしわになることがあります。

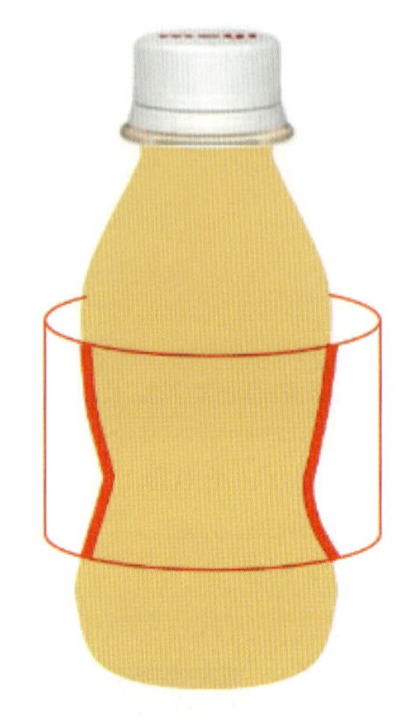

ラベルを添わせる場所を変えたり、少し幅広にしたりするとよいです。

最近のラベルは、縮みにくいものもあります。そのようなものは、手触りがシャリシャリしていない、薄いなどの特徴があるので、ラボには適しません。

参考サイト　https://note.com/jikkenntai/n/n1281ee728143

Lab ポリスチレンカップでもプラバン

立体のカップでプラバンを行なうと、描いた絵が不思議な感じに縮んで、楽しさ倍増です。

さっそくポリスチレンのカップを使って、ラボしてみましょう。

【用意するもの】

・ポリスチレン製インサートカップ
・シリコーン製惣菜入れ(100円ショップなどで購入可能)
・筒状にしたミラーシート(なくてもOK)

ラボは、以下の手順で行なってください。

[1] インサートカップの外側に、油性ペンで絵を描く。

[2] アルミトレーにシリコーンのカップを逆さまに置き、インサートカップをかぶせる。

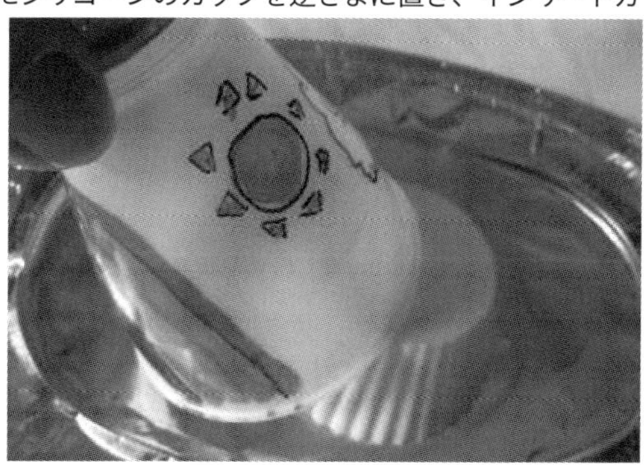

[3] オーブントースターに入れて加熱。

シリコーンの容器を使うと、くっつくことなくキレイに縮んでいきます。

[4]縮まったら、オーブントースターからアルミトレーごと取り出し、ひっくり返し、平たくして冷ます。

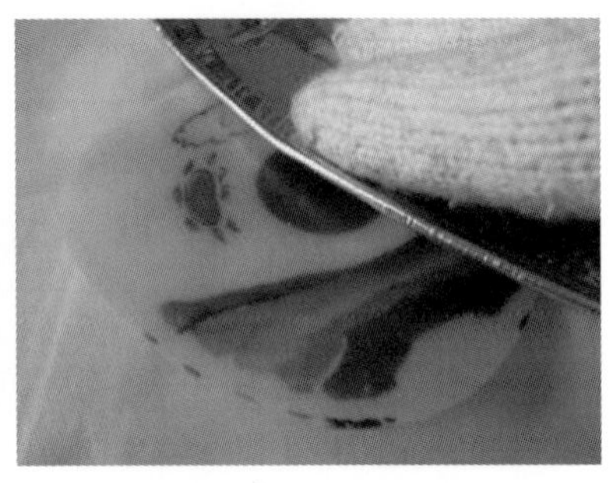

[5]冷めたら、真ん中に筒状のミラーシートを置き、観察する。

ミラーシートに映し出された絵は逆さまですが、最初の絵に戻ったように見えます。鏡のふしぎですね。

出来たもので、プラスチックの成り立ちを考えよう

ぺったんこになったインサートカップの絵は、最初に書いた絵と違っています。

この絵の縮み具合で、どの部分がいちばん引き延ばされていたか、などを考察できるはずです。

縮まったインサートカップは、少し厚みが増し平たい丸い板になっています。

実は、これが成形される前のインサートカップの状態です。

工場では、ポリスチレンのシートを、金型に押し付けたりして、インサートカップに成形(深絞り)しているのです。

他のプラスチックでも、プラバンはできる？

では、引き伸ばして形作られた他のプラスチック―― たとえばペットボトル(PET：ポリエチレンテレフタラート)ではどうでしょうか。

ペットボトルは、「プリフォーム」(**次の写真の中央**)に熱を加えて、柔らかくして溶融し、空気を吹き込んで成形しています。

プリフォーム(手前)を成形することで、ペットボトルを作っている
協力:キリン(株)

ずいぶん膨らませて成形されているようなので、相当縮むだろうと思ったのですが、思ったようには縮みませんでした。

切り出したもの(上)に色を付けプラバン工作

ペットボトルの材質のポリエチレンテレフタラートは、これまで説明してきたポリスチレンとは違って『結晶性のポリマー』で、熱をかけて引っ張ると、小さな結晶が無数にできます。この結晶が収縮を阻止するので、オーブントースターの温度くらいでは、元に戻らないのでしょう。

いろいろなプラスチック製品でラボして、そのプラスチックの特性を探ってみてください。

※なお、この実験の温度では、プラスチックから分解ガスなどが出ることはありませんが、念のため換気に気を付け、火傷をしないよう軍手などを着けて行なうようにしてください。

参考サイト https://omoshiro.home.blog/2015/11/24/post_380/

著者サイトに実験キットあり https://hmslab1.jimdofree.com/ショップ-キット購入サイト/

2-3 アクアビーズ

Key Word ポリビニルアルコール、ヒドロキシ基、偏光膜

水でくっつくプラスチック

エポック社から「アクアビーズ」という製品が出ています。

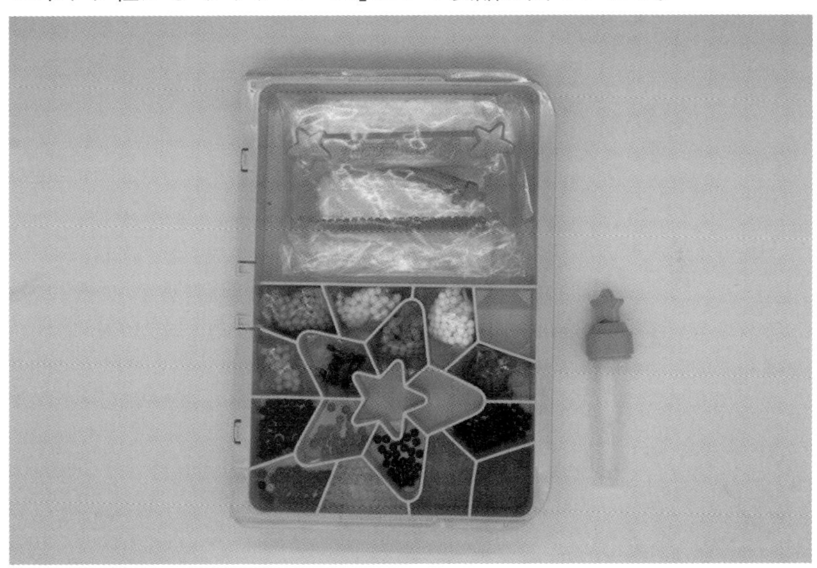

アクアビーズ

サイトには、

> アクアビーズは、水でくっつく不思議なビーズ。
> イラストシートに合わせてビーズを並べたら、スプレーで水をかけよう。
> 水が乾くと、ビーズがくっついて、固まるよ！

とありますが、ビーズに接着剤でもついているのでしょうか。

さっそくラボで解明してみましょう。

Lab アクアビーズを使ってみよう

まずは、アクアビーズがどんなものか、実際に遊んでみましょう。

ただし、普通に使っても面白くないので、ドーム状のものを作ってみたいと思います。

【用意するもの】

・アクアビーズ
・スプレー
・LEDライト（100円ショップなどで購入可能）
・ガチャガチャなどの容器

ラボは、以下の手順で行なってください。

[1] ガチャガチャなどの容器の内側に、アクアビーズを並べて、水をスプレー、でかける。

[2] そのまま10分ほど置き、その後ガチャガチャの容器から外して、乾燥させる。

アクアビーズがドーム状に固まった

これで、ドーム状のものが出来ます。
かなり、しっかりとくっついています。

[3] LEDライトを点灯させて、上に②で出来たものをかぶせる。
ライトの色がランダムに変化するものだと、ビーズの色もライトによって変化します。

ドームの中からライトを当ててみる

どうして水だけでくっつくのか

アクアビーズは、なぜ水だけでくっつくのでしょうか。

エポック社のサイトには、

> ビーズの原料には、切手の裏ののりにも使用されるポリビニルアルコールが使われています。
> 水をかけると、この成分がとけて、隣のビーズとくっつくのです。

と説明があります。

のりの原料である、「ポリビニルアルコール」(PVA)が使われているようです。

PVAが使われている液体のり

では、アクアビーズの表面に、PVAが塗布されているのでしょうか。

さっそく、ラボしてみましょう。

Lab アクアビーズがくっつく仕組みを調べよう

ラボは、以下の手順で行なってください。

[1] ビーズを3個ほど、少量(20ccほど)のぬるま湯につける。

[2] 1つのビーズを手に取り、指でこすってみる。
ぬるま湯につけて指でこすると、少しヌルヌルします。
まさしく、のりがとけ出た、という感じです。

さらにこすると、ビーズがだんだん小さくなってくるのが分かります。

一方、ぬるま湯に浸かったビーズを放置しておくと、水はビーズの色になり、半日ほどすると溶けてなくなってしまいます。

このことから、ビーズの表面にPVAを塗ってあるのではなく、“ビーズ全体がPVAで作られている”ようです。

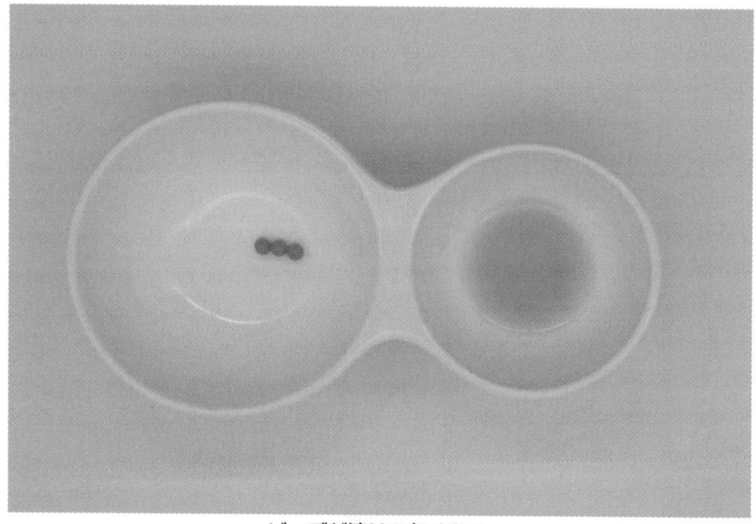

ビーズが溶けて無くなる

[3]アクアビーズが溶けた水を、平たいプラスチック皿に入れ、自然乾燥させる。

1～2日すると、しっかりしたフィルムになります。

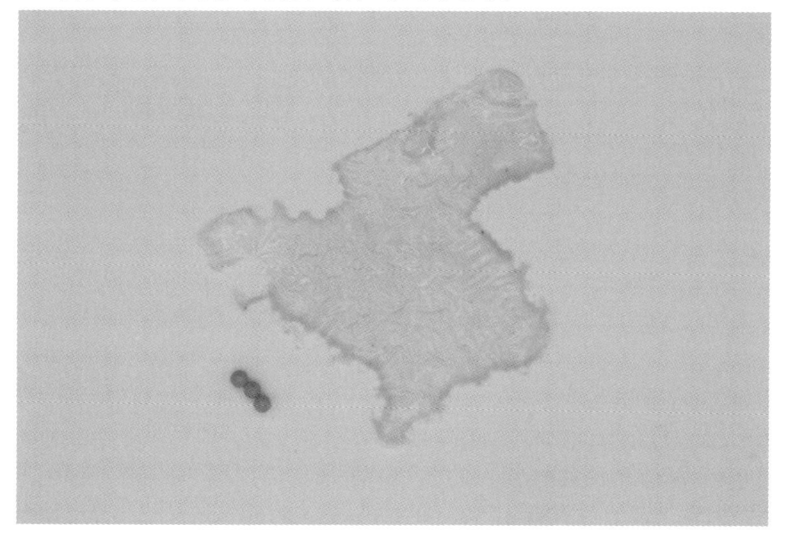

水分がなくなると、フィルム状に固まる

PVAとは

では、PVAとはいったいどんな物質なのでしょう。

PVAは、フィルムに成形することもできるプラスチックです。
先ほどの実験でも、簡単ではありますがフィルムになりましたね。

また、その水溶液は、**「液体のり」**や**「洗濯のり」**としても販売されています。

さらっと、水溶液と書きましたが、PVAはプラスチックとしては珍しく、**「水に溶ける」という性質をもっています。**

この性質があるのは、水に溶ける性質を高める**「ヒドロキシ基」(水酸基：-OH)**をたくさんもっているためです。

実は、水もヒドロキシ基を持っています。

似た者同士は、溶けやすいのです。

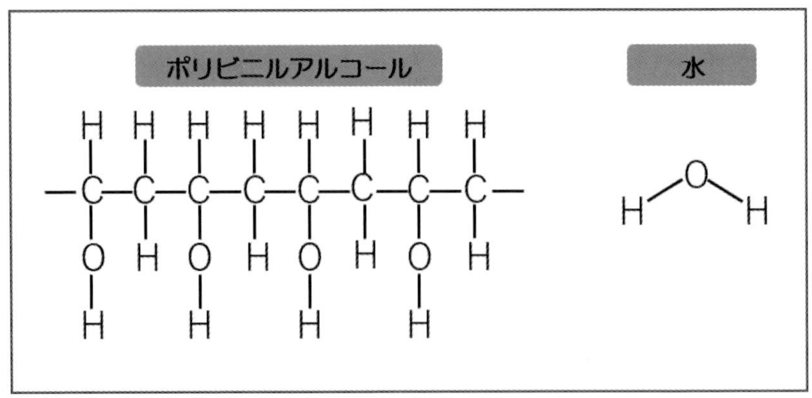

PVAと水は、ヒドロキシ基を共通でもっているため、溶けやすい

水やPVAと同じく、ガラスや金属もヒドロキシ基をたくさんもっています。

そのため、PVAは、ガラスや金属との接着性も良く、合わせガラスの中間膜として使われたりしています。

＊

PVAのこのような性質を利用して、水に溶けるフィルムを作ることもできます。

第3の洗剤と呼ばれている、「洗濯洗剤を入れたジェルボール」のフィルムにも使われています。

水に溶けるフィルムを利用したジェルボール

でも、水に溶けやすいPVAが、洗濯洗剤を保持できるの？と思う人もいるかもしれません。

いくつか理由は考えられそうですが、この辺りは企業秘密があるようです。

> ※ガラスや金属と接着性が良いと書きましたが、アクアビーズに水をかけた後、今回はプラスチックのトレーで乾かしますが、これをアルミホイルやガラスの上において乾かしてみたところ、少し剥がしにくく感じました。

偏光膜はPVA

タブレットやテレビなどの液晶に使われる偏光膜にも、PVAが使われています。

PVAが、フィルムに成形しやすい結晶性ポリマーであること、そして、偏光膜に使われているヨウ素と相性が良いためです。

> ※ヨウ素でんぷん反応でおなじみのヨウ素ですが、小学校の実験では、反応の例として天然のでんぷんのりが使われることがあります。
> それは、ヨウ素とでんぷんのり（ヒドロキシ基をたくさんもっている）の相性がいいからでしょう。
> これは、PVAが、ヨウ素と相性がいいことと、つながりそうですね。

しかし、PVAで出来た偏光膜だけではすぐに裂けてしまうので、保護膜を利用して偏光板にする必要があります。

保護膜としては、**「TAC（トリアセチルセルロース）フィルム」**や**「PET（ポリエチレンテレフタラート）フィルム」「アクリルフィルム」**などが使われます。

なお、TACフィルムとは、レントゲン画像などのフィルムに使われている、お医者さんがライトの前にカチッと差し込む、硬めのフィルムです。

参考サイト https://omoshiro.home.blog/2018/09/11/post_437/

2-4 UVレジン

Key Word 光硬化性樹脂、サーモ顔料、UVライト

紫外線で固まるプラスチック

日本語で、UVは「紫外線」、レジンは「樹脂」です。

UVレジンとアクセサリー

紫外線は、人間が色として感じることができる可視光よりも、エネルギーの高い光です。

悪いイメージばかりではないのですが、日焼けなど肌にダメージを与える光として有名ですね。

樹脂のほうは、今回はざっくりとプラスチックと思えばいいでしょう。

＊

ドロドロした水あめのようなUVレジンは、型に注入し、紫外線を出すライトや太陽光などを当てると固まります。

最近は100円ショップでも手に入るので、手軽なアクセサリー作りなどに使われています。
(紫外線を出すライトは、**UVライト**や**UV-LEDライト**という名前で販売されています)。

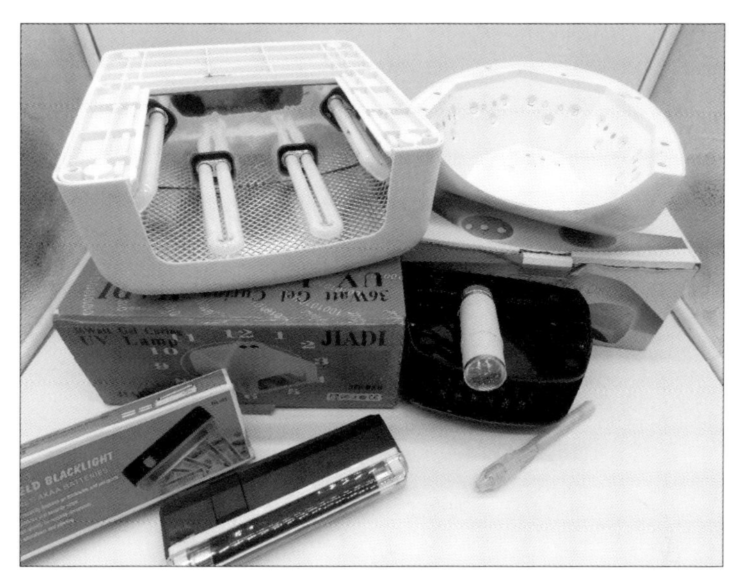

いろいろな紫外線ライト(左は蛍光灯タイプ、右はLEDタイプ)

では、ちょっと理科ネタを入れながら、UVレジンをラボしてみましょう。

UVレジンやUVライトの説明書には、光の照射時間などが書いてあるので、それに従ってラボしてください。

また、UVレジンは手に付くとかぶれることがあるので、手袋を着け、換気をよくして作業しましょう。

Lab 虫メガネの原理で、大きく見せる

まずは、UVレジンをレンズのように使ってみましょう。

【用意するもの】

・紫外線ライト(UVライト、UV-LEDライトなど)
・レジン液(100円ショップやネットで購入可能)
・型(球状のものがベストですが、錠剤の容器でも可)
・中に入れるもの(ビーズやドライフラワーなど)

ラボは、以下の手順で行なってください。

[1]型にレジン液を注入し、ビーズやドライフラワーなどを入れる。

[2]紫外線ライトを当てて、硬化させる。

[3]硬化したことが確認できたら、型から取り出し観察する。

紫色の花形ビーズ(左下)を、錠剤容器(右)に入れ、左上のものができた

花が大きく見えます。

これは、球面になったレジンが、「凸レンズ」の役割を果たしているためです。

紫色の花形ビーズからの光は、実線のように届きますが、人間は、光はまっすぐに進んできていると思うので、点線の方向に、花があると思うのです。

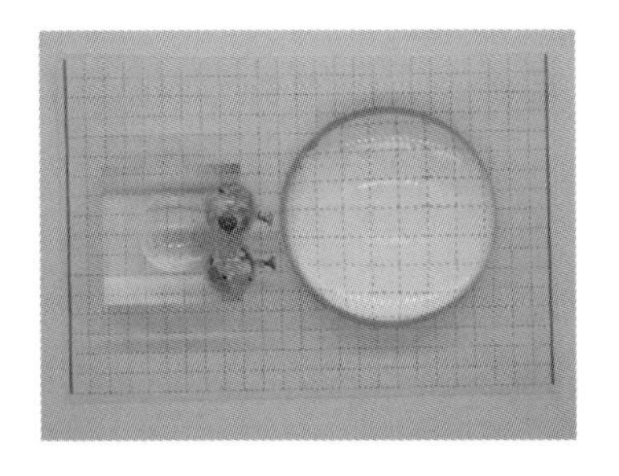

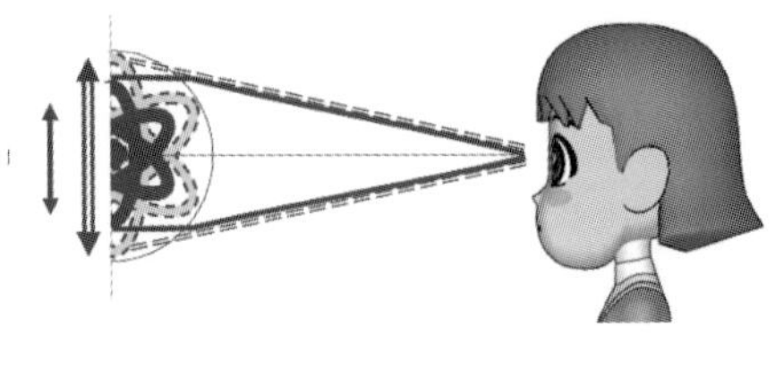

左は半球レンズを方眼紙の上に置いてみたところ

そのため、出来上がりの形状を球体にすると、レジンの中に入れるものは小さくても、見た目には大きく感じるようになります。

お手軽コピー・レジンクラフト

クリアホルダーに描いた絵を、UVレンジにコピーしてみます。
もっともお手軽かつ安価で、失敗しない方法です。

【用意するもの】

・レジン液ハードタイプ(100円ショップなどで購入可能)
・紫外線ライト(UVライトUV-LEDライトなど。太陽光対応のレジン液なら太陽光でOK)
・クリアホルダー(100円ショップなどで購入可能)

ラボは、以下の手順で行なってください。

[1] クリアホルダーをカットし、油性マジックで絵を描く。

[2] 絵の上に、レジン液を流し、上からもう1枚クリアホルダーを載せ、UVライトを当て硬化させる。

空気が入らないようにしましょう。レジン液の量は、少なければ薄く、多ければ厚く仕上がります。

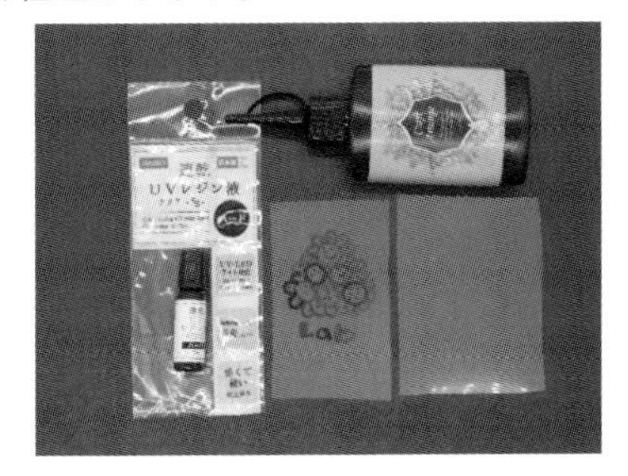

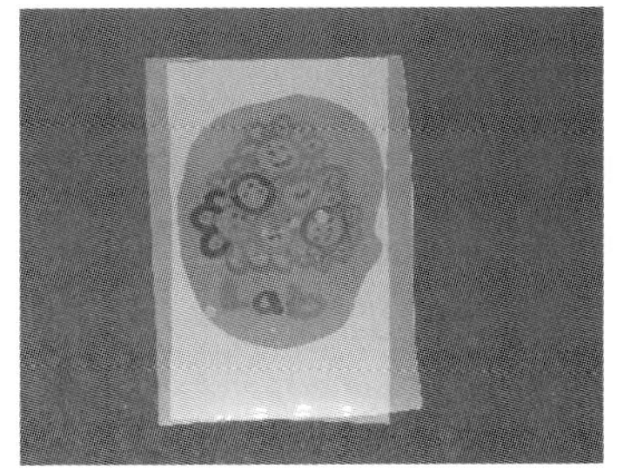

材料(左)と硬化する前(右)

[3] 硬化したことを確認して、ゆっくり剥(は)がす。
ゆっくり剥がすと、出来上がったレジンに、描いた絵が写し取られてパネルになっています。

また、触って暖かいことも覚えておいてください。

パネルになったものを、クリップで立ててみた

自分が描いた絵が写し取れる(コピー)のは、何とも楽しい作業です。
薄くするとUVレジンが少量ですむのもいい点です。

でも、それだけではちょっと物足りないので、次のラボに進みましょう。

ふしぎな粉でアレンジ

コピー・レジンクラフトに、少し工夫を加えます。

【用意するもの】

・蓄光パウダー(100円ショップなどで購入可能)
・サーモ顔料 赤(ネットショップなどで購入可能)
・クリアホルダー(100円ショップなどで購入可能)
・つまようじ

ラボは、以下の手順で行なってください。
あらかじめ、クリアホルダーには絵が描いてある状態で進めています。

[1] レジン液に、蓄光パウダーまたはサーモ顔料を少し入れて、つまようじで混ぜ、絵の上に流してコピー・レジンクラフトと同様の手順を行ないます。
レジン液を絵の上に流し、その後、蓄光パウダーやサーモ顔料を少し振りかけ、つまようじで均一にしてもいいのですが、絵をつまようじでこすって消してしまう恐れがあるので、先に混ぜたほうがいいでしょう。

[2] 硬化したことを確認して、ゆっくり剥がす。
蓄光パウダーを入れたものは、光を当てると、暗闇でボーッと光ります。

サーモ顔料(赤)を入れたものは、UVライトを当てる前だと、レジン液が赤く色づいていますが、硬化すると暖かくなり、色も透明になります。

硬化前(左)と、硬化後(右)

そして、しばらくして室温に戻ると、また赤くなります。

赤くなったものを指でさわると、指の熱で、また透明になります。

上半分を指で触ったために、透明になっている

ちょっとした手品みたいなシートです。

どんな変化が起こっているの？

今回のサーモ顔料は、"一定の温度(今回は31℃)以上になる"と、赤が白っぽく変化します。

サーモ顔料を入れたレジン液は、硬化する前はサーモ顔料の色(赤)ですが、UVライトを当てて硬化が終わったころには、透明になっています。

これは、レジン液がUVライトの光を受けることによって化学反応が起こり、熱が発生したため、サーモ顔料の色が変化したのです。

つまり、触って暖かいのは、「反応熱」のせいでした。

出来たばかりのものは、表面はすぐ室温に戻るのですが、だからといってすぐに赤色には戻りません。

一度、冷凍庫に入れて、充分(と言っても10秒ほど)に温度を下げる必要があります。

また、金属のような熱伝導率が高いものの上に置くと、温度の変化が早まります。

※なお、今回使った美和田屋のサーモ顔料は、"白っぽく変化する"と説明があるのですが、実際には透明になります。
この詳細については、**p.13**を参照してください。

どうして固まるの？

レジン液には、**「光硬化性樹脂」**が使われています。

光硬化性樹脂は、光が当たると固まるプラスチックで、今回は紫外線で固まるので、**「紫外線硬化性樹脂」**となります。

これは、いったいどういうものなのでしょうか。

＊

p.55にもあるように、プラスチックは、低分子のモノマーが繰り返したくさん結合(重合)してできた高分子(ポリマー)です。

光硬化性樹脂には、**「光開始剤」**というものが入れてあります。

固まる前はモノマーの状態ですが、光が当たると**光開始剤**の効果によって、重合が始まります。

そのため、硬くなるのです。

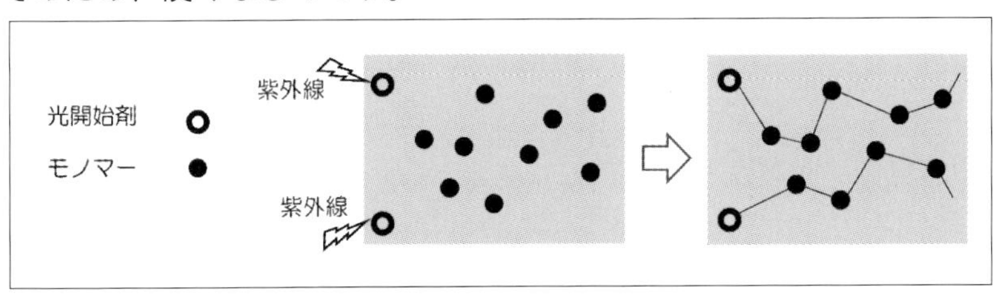

光硬化のイメージ

光硬化性樹脂の歴史

光硬化性樹脂は、もともと木工製品に使うニスから発展したもので、屋外で太陽光を利用して固めていましたが、固まるのに時間がかかる臭気が著しいという問題がありました。

しかし、最近はそれらが解決され、手軽にハンドクラフトなどにも使われるようになっています。

工業的には、飲料缶などのコーティング、レンズや透明板の反射防止膜、光ディスクの接着、ビスやネジの固定などに幅広く使われています。

また、歯科材料では、虫歯で開いた穴を埋める材料として、「ヒドロキシアパタイト」という、歯の成分を混ぜたものが使われています。

印刷では、昔は活字を拾い、金属で活版を作っていましたが、現在は光硬化性樹脂で活版を作っているので、印刷が格段に速くなっています。

＊

次の写真は、葉脈標本に油性マジックで色を付け、レジンで表面にコーティングしたものです。

テカり具合で、光硬化性樹脂がニスに使われていたということが分かると思います。

コーティング部分にテカりが出ている

レジンクラフトの技を深める

レジンクラフトをしていると、時間通りにUVライトを当てても、作品の最表面にベタつきが残っていて、逆に作品の底のほうが“パリッ”と固まっているように感じることがあります。

UVライトは、最表面のほうが直に光が当たり、底のほうは届きにくい印象があるので、経験のある人なら不思議に思ったかもしれません。

しかし、これは気のせいではなく、ちゃんとした理由があるのです。

光硬化性樹脂で起こっている光重合反応は、“酸素によって阻止されやすい”という特徴があります。

そのため、最表面では空気中の酸素によって、固まりにくくなっているのです。

UVライトを当てるときは、ライトを近づける、UV-LEDライトにするなどで、より強い光を当てて、短時間で反応を起こさせるのがいいでしょう。

今回は、上からクリアホルダーを乗せているので、ほぼ失敗することがなく硬化すると思います。

「UVライト」と「UV-LEDライト」と書きましたが、これらにはどのような違いがあるのでしょうか。

商品の説明を見る限り、UVライトは蛍光管を使ったもので、UV-LEDライトはLEDを使ったもののようです。

ラボに用意したそれぞれのライトは、波長についてはそんなに変わりません(UVライトがピーク時で370nm、UV-LEDライトが385nm～405nm)。

UVライトのほうが波長は短いのですが、反応時間はUV-LEDライトのほうが、ずいぶん短くてすみます。

これは、どうしてなのでしょう。

実は、光のエネルギーは、波長が短いほうが強いです。
しかし、光硬化性樹脂には硬化するのにちょうど良い波長があり、短ければいいわけではありません。
UVライトはピーク時という言葉が表わしているように、“もゎ～ん”とした領域の波長をもっているのに対して、UV-LEDライトは短波長の光を効率良く出すことができます。
それで、短い時間で硬化させることができるのです。

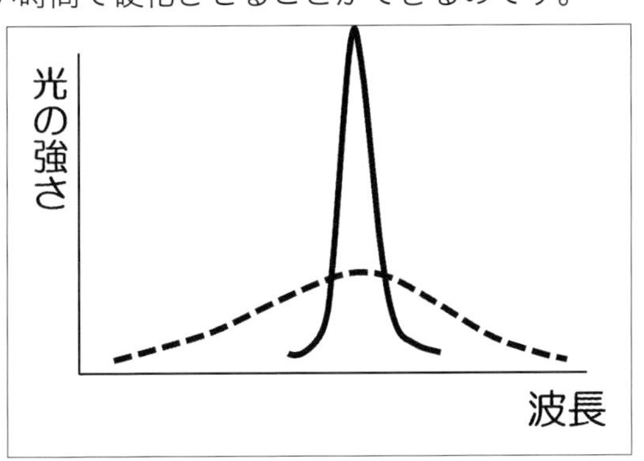

UVライト(破線)とUV-LEDライト(実線)の波長のイメージ

参考サイト https://omoshiro.home.blog/2017/09/26/post_425/ 

第3章

家庭にあるものを使った実験

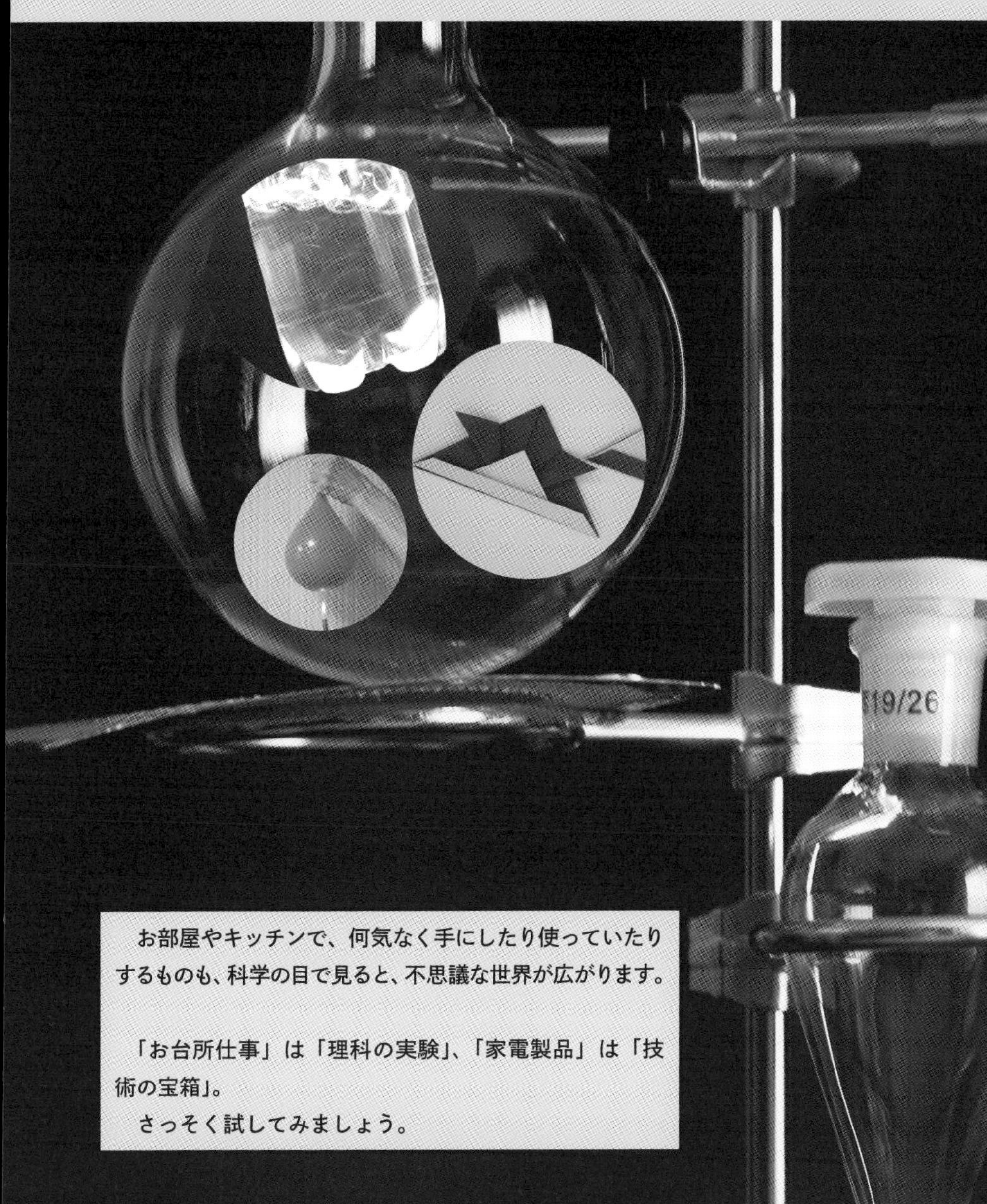

お部屋やキッチンで、何気なく手にしたり使っていたりするものも、科学の目で見ると、不思議な世界が広がります。

「お台所仕事」は「理科の実験」、「家電製品」は「技術の宝箱」。

さっそく試してみましょう。

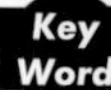

3-1 ぷよぷよビーズでマジック

Key Word 高吸水性ポリマー、高分子

消臭用のぷよぷよしたビーズで実験

お部屋やトイレの消臭には、どのようなものを使っているでしょうか。

もし、ビーズの製品を使っているのなら、このラボはすぐにでも始められます(ただし、古くない透明なものがベストですが)。

手元になくても、100円ショップには、もっと適したものもあります。

さっそく揃えてラボしてみましょう。

※ちなみに、お祭りなどで子どもたちに人気のぷよぷよボールすくいに使われているカラフルなボールも、このビーズと同じものです。
　手で触るとゼリーのようで、指で押すとつぶれてしまうので、壊さないように、優しく扱ってください。

ぷよぷよボール

ビーズを水につけて、大きくして観察する

【用意するもの】

・ペットボトル
・ビー玉(数個、透明なものがベスト)
・無色透明なビーズ(100円ショップなどでもで購入可)

消臭剤のビーズ(左)と冷却用のビーズ(右)

ビーズは、消臭剤や冷却用などに使われている、「無色透明なボール状のもの」を取り出して使います。

消臭剤のビーズは、消臭効果のある薬品が入っているので、表面だけでも洗ってから使ってください。

できれば、何も入ってないであろう冷却用を使うのがいいでしょう。

このビーズは、水を吸収して膨れているのですが、実は水につけると、もう少し膨れます。
充分大きくしてから使います。

ラボは、以下の手順で行なってください。

[1] 表面を洗ったビーズを、ペットボトルの半分くらいまで入れ、水を入れた上で（ペットボトルの9割ほど）、キャップはせず、半日ほど置く。

ビーズはまだ大きくなりきってないので、水を入れた直後は水中のビーズが見えます。しかし、半日ほどすると、ビーズが膨れて、見えにくくなります。

入れたばかり（左）と約2時間後（右）

体積も増すので、あふれてもいいように、お盆の上などに置いておくと安心です。ときどき、水を変えてもいいでしょう。

画像は分かりやすいように、四角い容器に入れています。

[2] 1,2日ほどしてビーズが充分膨れたら、ペットボトルの水をすべて捨て、ビーズの半分の高さまで新たに水を入れて観察する。
ここからが本番。

改めて、ペットボトルに水を入れると、水に浸った部分のビーズが消えていきます。ちょっと不思議な体験です。

水を入れた部分のビーズは消えたよう

[3] キャップを閉めて、ゆっくり引っくり返す。
ゆっくり引っくり返すと、こんどは消えていたビーズが見えるようになります。

[4] ビー玉を加え、ゆすって下のほうに降ろす。
透明なビーズに透明な水を加えると、まるで消えたようになりました。

でも、透明なビー玉を透明な水に入れても、ビー玉は見えなくなることはありません。

ビー玉が2つ浮かんでいるように見える

ビーズはナニモノ？

砂糖が水に溶けたみたいに、ビーズも一瞬で水に溶けて見えなくなった…というわけではありません。

では、どうして見えなくなったのでしょうか。

＊

水に消えた部分を、よく観察してみてください。

ビーズの縁が見えるはずです。

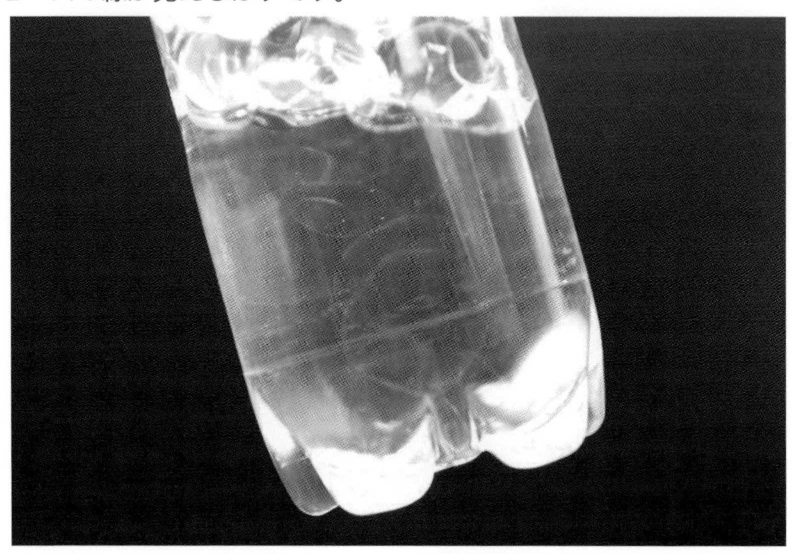

うっすらビーズの縁が見える

このビーズは、「高吸水性ポリマー」（高分子吸水体）と呼ばれるものです。

吸水性の良い高分子化合物といったところでしょうか。

高吸水性ポリマーは、なんと自分の重さの数百倍～千倍の水を吸水し、保持できます。

吸水したビーズは、ほとんどが水であるため、水の中に入ると見えなくなるのです。

一方、ビー玉は水とは違う物質であるガラスで出来ているので、同じ透明でも、水の中に入ると見えてしまいます。

画像のビーズ状の高吸水性ポリマーは、もともとは3㎜ほどの大きさしかなく、触ると硬いです。

これが、ほぼ1日吸水させて、15㎜程度に膨らみます。

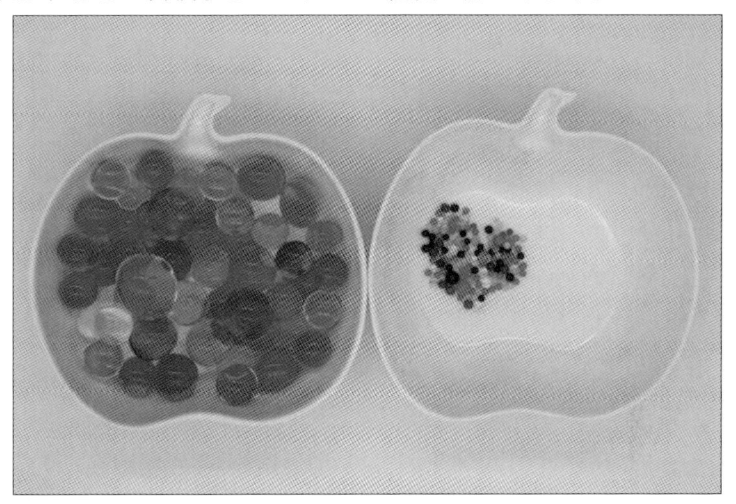

膨らんだビーズ(左)と、元のビーズ(右)

ビーズは、どのように水を吸収保持するのか

こんなに小さく硬いものが、水を吸って大きくなるというのは、ちょっと想像ができないかもしれません。

では、このビーズはどのように、水を取り込んでいるのでしょうか。

＊

考えられるのは、水風船のように膜で水を保持することですが、実はそうではありません。

高吸水性ポリマーの分子は、吸水前は長い高分子のひもが、糸マリのように丸まって小さくなった構造をしています。

次の図は、代表的な高吸水性ポリマーである**ポリアクリル酸ナトリウム**が吸水した様子を簡単に示したものです。

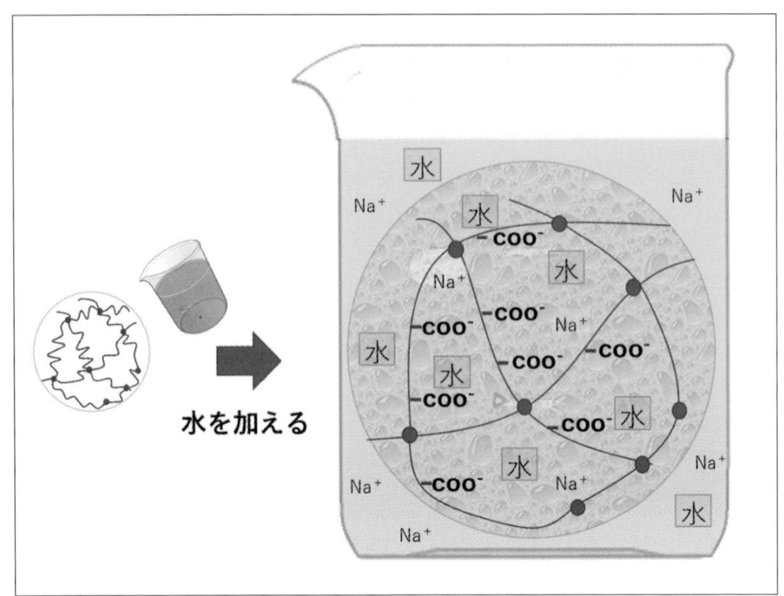

ポリアクリル酸ナトリウムの吸水時の様子

時系列で説明すると、

①ポリアクリル酸ナトリウムに水が入り込む
②「COO^-」と「Na^+」のイオンに分かれる
③「Na^+」の一部は、外の水に出ていきますが、「COO^-」は分子にくっついているので出ていけず、全体としてマイナスイオンが多くなる
④マイナスイオンの反発で、ポリアクリル酸ナトリウムが膨れていく
⑤さらに、そこに水が入ってくるようになり、ますます膨れていく

となります。

高吸水性ポリマーは、その性質を利用して、消臭剤のほかにも、紙おむつや生理用品、ペットのトイレ、携帯用トイレ保冷剤、ソフトコンタクトレンズなどに使われています。

高吸水性ポリマーが使われている商品

また、農業や園芸で使う土の保水材や、土木工事用の止水剤としても利用されています。

ビーズでマジカルカップを作る

ビーズを使った、ちょっとふしぎなカップを作ってみましょう。

ビーズは水に紛れて見えにくくなったほうがいいので、透明なビーズがベストですが、色がついていればカラフルになるので、それもいいでしょう。

前回のラボの同様に、最初に水につけ少し大きくしておきましょう。注意として、あまり大きくしすぎると、つぶれやすくなります。水につけるのは、半日程度でいいでしょう。

【用意するもの】

・透明なカップ(底径6cm以上・12オンス以上)
・スポンジ(カップの底にきっちりはいるくらいの大きさにカットしておく)
・お弁当ピックなど

「ラボ」は、以下の手順で行なってください

[1] スポンジにピックをさし、カップにきっちり入れる。ピックがさしにくい時は、スポンジに切り込みを入れるといい。

ピックをスポンジにさす

カップにきっちり入れる

[2] 水をスポンジの上まで入れる。

[3] ビーズを入れ、横から見えるか観察する。

ビーズに邪魔され、ピックは見えにくくなっています。ただ、よく観察すると、ピックの一部が見え、かつ大きく見えることがあります。

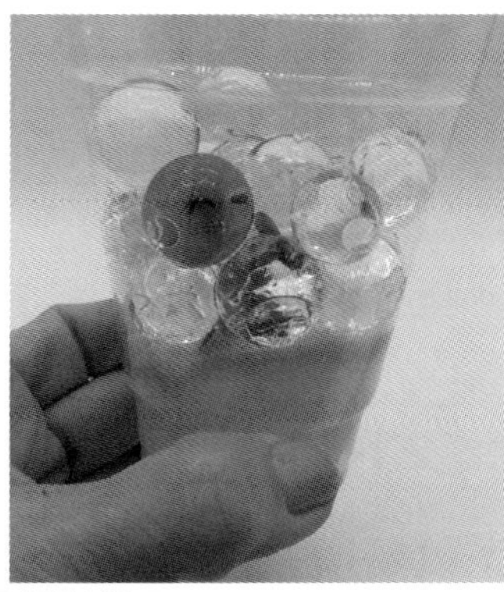

大きく見える部分がある

[4] カップに水を入れます。中のピックが現れます。**[2]** でスポンジまで水を入れているので、変化はすぐに表われます。

中のピックが現れる

どうしてビーズを入れるとピックが消え、水を入れるとピックが見えたのか

上記の実験で、水を入れる前のビーズを入れただけで観察したときに、ビーズを通してピックが大きく見えたのは、どうしてでしょう？

まず、カップにピックを入れたものを観察した場合を考えます。ピックの周りは空気で、ピックからの光は「そのまままっすぐ」目に届きます。

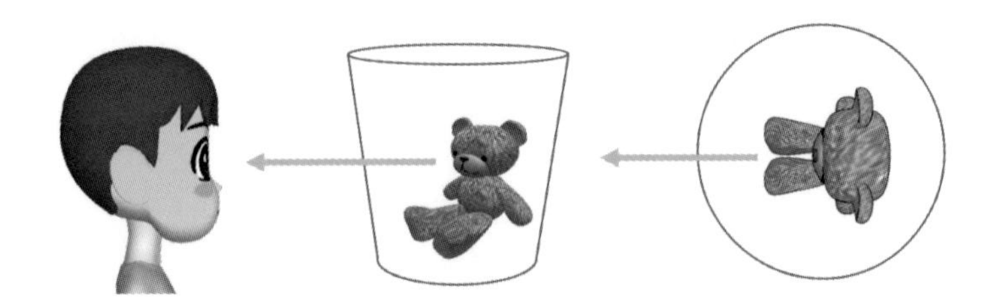

そこに、ビーズをいれた場合、ピックからの光は、「まわりの空気とビーズ(水)」を通りながら、目に届きます。

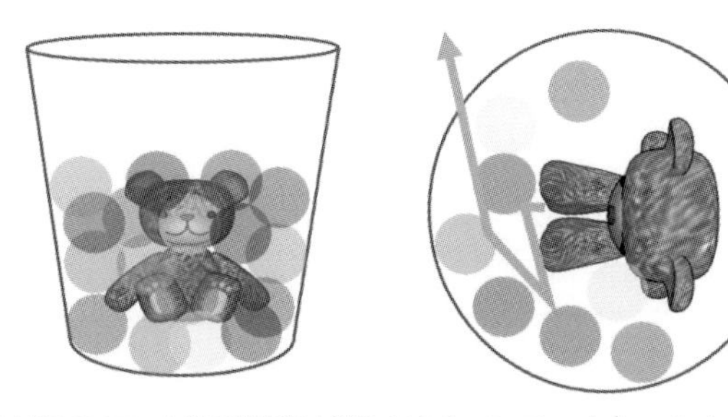

空気と水は違うモノ(屈折率が違う)なので、ピックからの光は、ビーズの表面で屈折、反射したり、また透過する際に方向が変わったりして、たとえば①のように進み、目に届きにくくなり、ピックが消えたように感じたのです。

さらに水を入れた場合、ビーズは高分子吸水体で、ほとんどが水なので、水が入ると紛れて見えにくくなります。

グッズからの光は、水やビーズ(水)をほぼそのまま通りながら、最初の空気だけだった時のように、目に届くのです。

どうしてビーズが、大きく見えたのか

カップにビーズを入れ、水を入れる前に観察すると、ピックが大きく見えることがありましたね。ビーズが虫眼鏡の役割をして、グッズを大きく見せているのです。

虫眼鏡は、「物を大きくしたり光を集めたり」する性質があります。

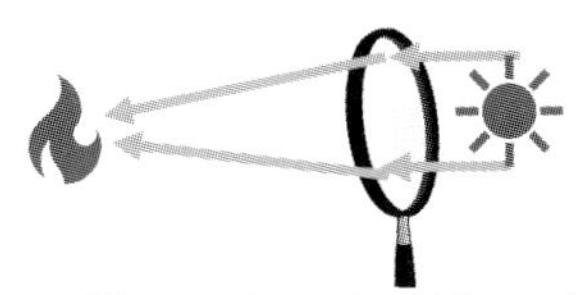

太陽の光を集めて紙を燃やしたことがある方もいるかもしれません。たとえばピックがくまちゃんとしたら、くまちゃんの頭と足からの光は、実線のように、目に届きます。

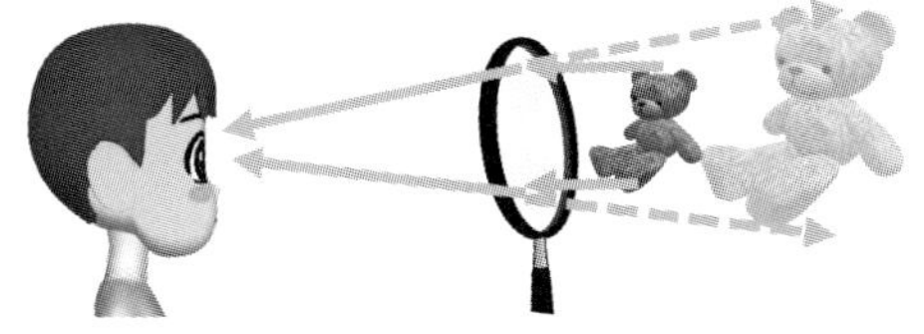

人間は、光はまっすぐ届くと思う※ので、点線の延長線上に、くまちゃんがいると思うのです。

虫眼鏡は、凸レンズといわれ、ふくらんだ形をしています。高分子吸水体もまん丸くふくらんでいます。だから、虫眼鏡と同じ働きをしてくれたのです。

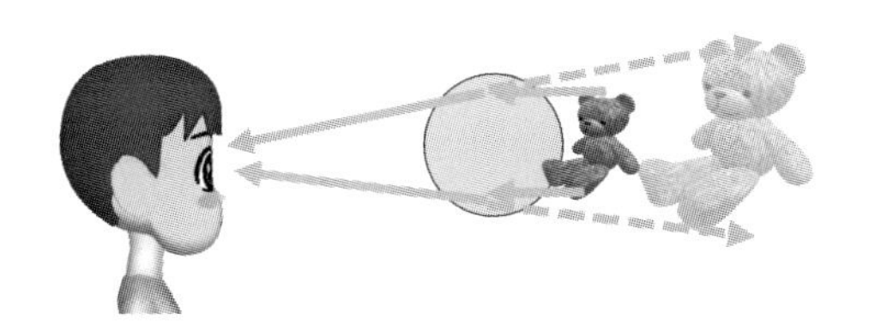

※凸レンズを通った光は実線のように屈折しますが、脳では屈折してきた光だとは判断できません。だから、「人間は、光はまっすぐ届くと思う」という説明にしています。

このマジカルカップ、もっと見栄えをよくするには、カップを幅の広いもの(中心までの距離が長い)、たとえば大きな広口の透明なタッパーにすると良いです。そのためには、ビーズもたくさんいりますが。

また、今回のカップに、アロマオイルなどを入れると、芳香剤になります。

ビーズを放置するとどうなるの？

吸水する前の粒々の状態のビーズも、ネットなどで購入することができます。

3mmほどの大きさのビーズが、1日吸水させると15mmほどに膨らむと説明しましたが、この膨らんだものが、半分(7〜8mm)の大きさに縮むには、「約1ヶ月」もかかります(水が少しずつ蒸発するので、時間がかかるのでしょう)。

さらにそのままおいておくと、少しずつ縮んでいきます。

また、「消臭効果」のあるビーズは、薬品を入れていたりするので、透明なものでも白く見えたりします。

小さくなった消臭ビーズ

この膨らんだビーズに「食塩」をかけると、いったん外に出ていた「Na^+」が再び中に入り込んできて、その代わりに、入っていた「水」が追い出され、数時間で半分くらいに縮まります。

つまり、ビーズに食塩をかけると、縮むスピードが速くなるのです。

では、この縮んだビーズを再度、水につけると、また膨れるのでしょうか。

そして、何度も繰り返すことができるのでしょうか。

次の画像は、「吸水前」「吸水後」そして、「乾燥後」の様子を、電子顕微鏡で撮影したものです。

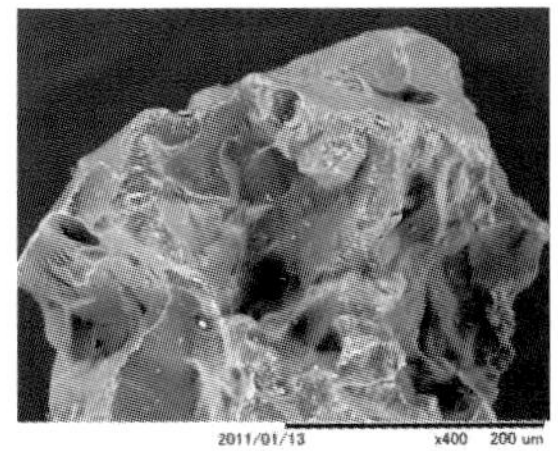

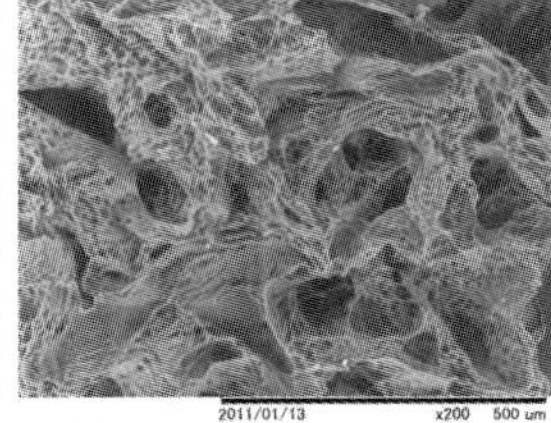

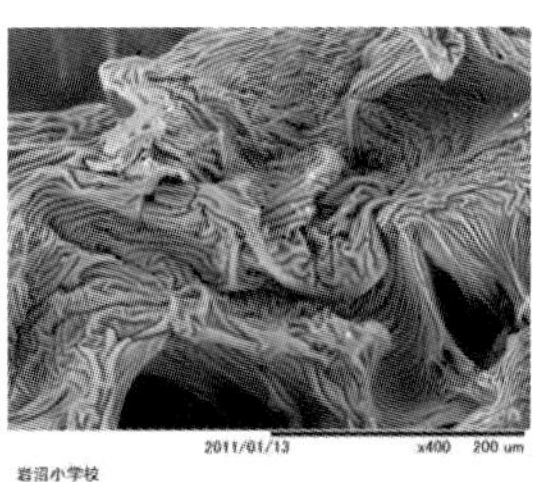

(a)吸水前(400倍)　(b)吸水後(200倍)　(c)乾燥後(400倍)

画像提供:宮城県岩沼市立岩沼小学校

(a)が吸水して、(b)のようになります。広がっている隙間に、「水」が入るのでしょう。

この状態は何度か繰り返せるようですが、しばらくすると、(C)のように隙間が縮まってしまい、元の構造に戻ることができなくなるようです。

最後に、簡単にできるおまけの「ラボ」です。

ビーズと同じ「高吸水性ポリマー」を使った保冷剤の中身に、食塩をかけてみましょう。

【用意するもの】

- 保冷剤
- 食塩

「ラボ」は、以下の手順で行なってください。

[1] 平皿に保冷剤の中身を出して観察

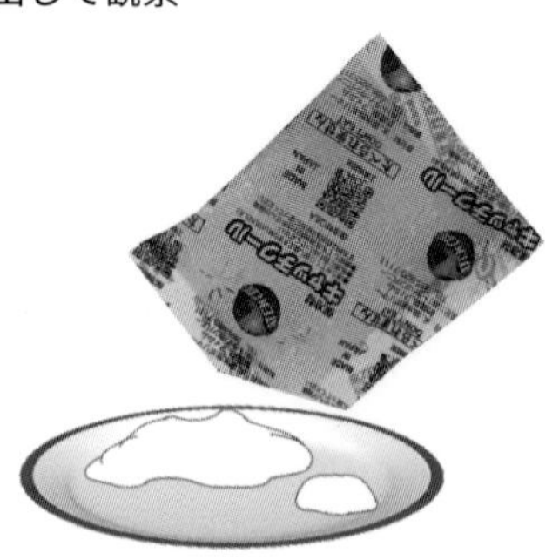

[2] 食塩をかけて観察
すぐにシャパシャパになっていきます。

＊

平皿に出したときの保冷剤の中身は、ゼリーみたいでした。
保冷するものとしては、氷でもいいのでしょうが、氷だったら温度が低くなると水になり、もし袋が破れたりして流れ出たりすると、よくありません。
それでゼリーぐらいに形を保つことができる「高吸水性ポリマー」が利用されているのだと思います。

丸く形作られたビーズとは違い、ゼリーぐらいに水を保った保冷剤の中身は、食塩を入れると、あっという間に、シャパシャパになったのです。
大量に安価に購入できる、高吸水性ポリマー。ぜひ、いろいろ楽しんでみてください。
ガラスに入れてお部屋において置くと、ゼリーと間違って食べちゃったりするかもしれません。気を付けてくださいね。

参考サイト https://omoshiro.home.blog/2022/10/16/カラフルビーズでマジカルカップの演示・工作！/

著者サイトに実験キットあり https://hmslab1.jimdofree.com/ショップ-キット購入サイト/

3-2 レシートが真っ黒け!?

Key Word 感熱紙、酸性

買い物で手に入るレシートを使って実験

レジなどでもらうレシート、すぐに捨ててしまう人がほとんどだと思いますが、ちょっともったいない。

レシートは、別名「感熱紙」と呼ばれるもので、文字通り**“熱を感じる紙”**なのです。

もちろん、これもキチンとした実験道具。
しっかりラボしてみましょう。

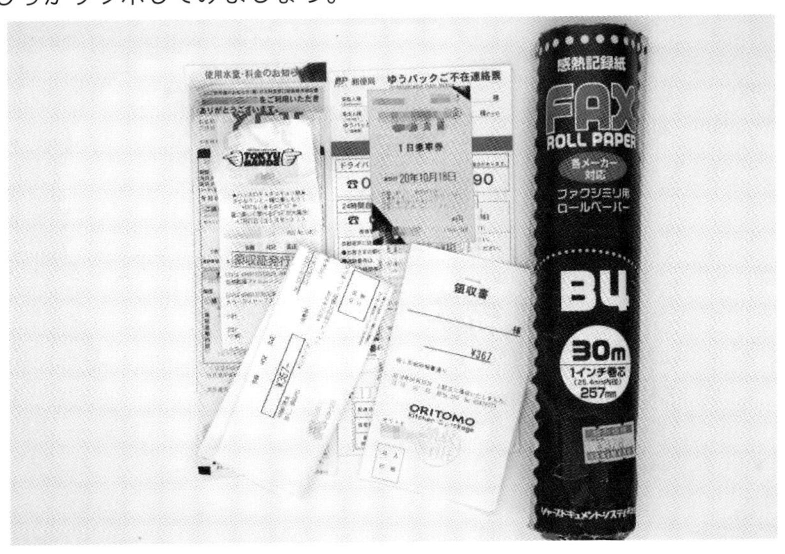

いろいろな感熱紙

ちなみに、白いままの感熱紙は、ネットや家電販売店で売っています。
そちらを使ってラボしてみるのもいいでしょう。

Lab レシートを熱くする

【用意するもの】

・レシート
・ドライヤー(アイロンやライターでも可)
・白い感熱紙(100円ショップなどで購入、無くても可)

[1] レシート(感熱紙)に、アイロンやドライヤーで熱を加える。
→アイロンやドライヤーで熱を加えると、黒くなります。
ライターの炎でも黒くできますが、こげないように気を付けてください。

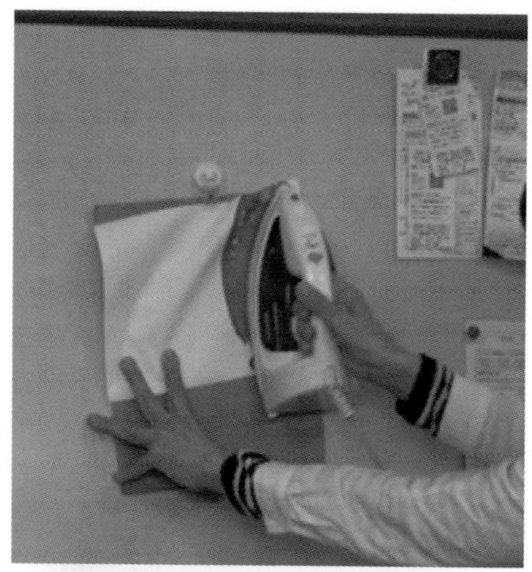

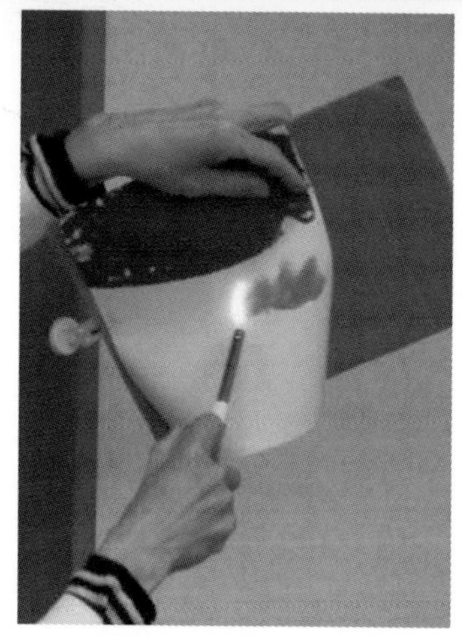

熱した部分が黒くなる

[2]爪や竹串などで、スジを入れる。
→スジを入れた部分は、摩擦熱で**[1]**と同じように黒くなります。

[3]アイロンで黒くしたレシート(感熱紙)を、裏返して、観察する。
→裏は白いままです。
変化は、表面だけで起こっているようです。

[4]レシートを正方形に切り出し、兜を折り、アイロンをかける
→アイロンをかけると、折り始める面の違いで、白と黒の兜が出来ます。

＊

次の写真は、実際に感熱紙で作った兜に、アイロンをかけたものです。

白黒逆転していますが、どのようにして折ってアイロンをかけたのか、想像できるでしょうか。

“表面を上にして折った”ものと、“裏面を上にして折った”ものの違いです。

感熱紙で作った兜に、アイロンをかけたもの

どうして熱くすると黒くなるのか

感熱紙は、熱を加えることで文字を印字できます。

レシートだけでなく、切符、ガスの領収書、郵便などのお届け票、Faxの用紙などにも使われています。

インクも不要で印刷できるという“お手軽さ”は、優れものです。

＊

感熱紙の発色の原理は、大雑把に言うと、以下のようになります。

・白い紙の表面に２種類の物質が混ぜて塗ってある。
・１つは酸性のもので、もう１つは酸性のものと一緒になると発色する色の元。
・常温ではそれぞれは固体で、反応しないので無色のまま。
・熱を加えることで、それらが溶けて反応が起こり、黒い色を発色する。

感熱紙を販売しているメーカーのWebサイトには、使用上の注意として、

> 印字後に湿気や脂分を含んだり日光にあたると、変色したり書き込みができなくなります。…化粧品、薬品類、アルコール、油、インク印鑑(シャチハタなど)を押す場合は、印字にかからない位置に押してください。…溶剤、有機化合物などと接触しないようにしてください。

などと書いてあります。

恐らく、そういった物質によって、想定外の変化が起こってしまうのでしょう。

ただ、この情報を上手に使えば、ちょっとしたラボができます。

レシートから、物質を取り出す

キーワードとなるのは、前記の使用上の注意のうち、溶剤・有機化合物です。

溶剤とは、物質を溶かすのに用いる薬品のことで、身近なものとしては「消毒用アルコール」などがあります。

恐らくアルコールと一緒になると、レシートに塗ってある物質が溶け出てくるのだと考えられます。

こういったポイントをつかむのは、なかなか難しいです。
しかし、できるようになってくると、やみくもに実験して何が何だか分からなくなることが少なくなり、楽しくなってきます。

【用意するもの】

- ・レシートや感熱紙
- ・消毒用アルコール（薬局やネットなどで購入）
- ・酸性のもの（酢など）
- ・アルカリ性のもの（重曹など）

用意するものの例

【1】レシート（感熱紙）に熱を加えて、充分に黒くする。

【2】消毒用アルコールに、レシート（感熱紙）を漬ける。
→黒くなった感熱紙は、アルコールに漬けると、黒いものが溶け出て、白くなります。

アルコールは、溶け出た物質のためにうっすら青黒くなりますが、これは、酸性の物質と色の元だと考えられます。

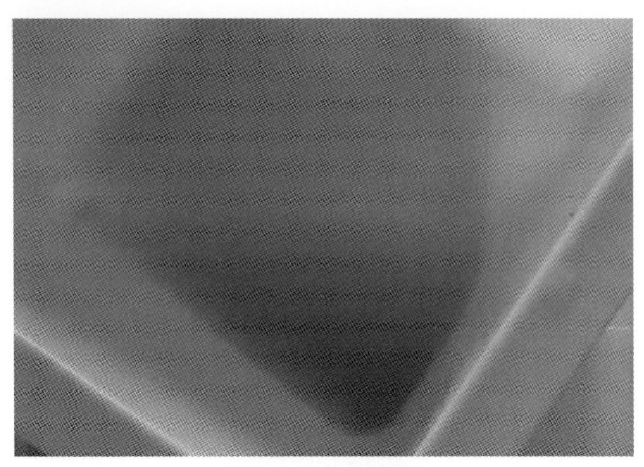

アルコールに色が付く

[3] 青黒くなった溶液に酢を加える。
→酢が酸性であるためか、溶液はさらに黒みを増します。

[4] さらに重曹を加える。
→色が薄くなっていき、透明になります(泡も出てきます)。
重曹が酢と反応したことにより、溶液が中性になったために透明になったものと思われます。

＊

重曹と酢の反応式は、次のようになります。

$$NaHCO_3 + CH_3COOH \rightarrow CH_3COONa + CO_2 + H_2O$$

「二酸化炭素」(CO_2)が発生していますが、これが泡の正体です。

実験の注意点

今回のラボは、手軽に試すためにと黒くしたレシートや感熱紙に、直接酢や重曹を塗り付けようと思う人もいるかもしれません。

でも、そう上手くはいかないのです。

＊

その理由の１つは、酢が液体であるため、色が反応で消えて白くなったのか、単純に色が液体に溶け出して白い紙が見えてきたのか、ハッキリしないからです。

たとえば、黒くしたレシート（感熱紙）に、エタノールなどを塗ってみましょう。

すると、白くなるのです。

これは、エタノールなどと反応して色が消えたのではなく、液体に溶けて流れたためだと思われます。

惑わされないようにしないといけませんが、「ハンドメイド・サイエンスラボ」としては、そういったこともあるということをきちんと踏まえた上で、実験を試していけばいいと思います。

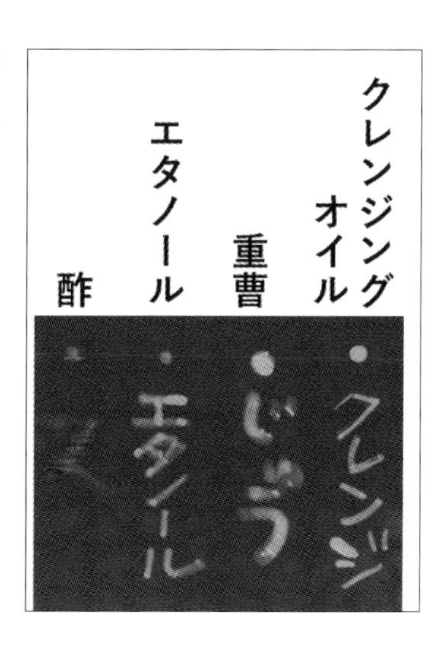

黒くしたレシート（感熱紙）をエタノールに溶かし、酸やアルカリ性の物質を入れて色変わりを判断するのは、大雑把な実験としては使えそうなので、家にあるいろいろなものでトライしてみてください。

参考サイト https://omoshiro.home.blog/2013/04/22/post_259/

3-3 ゴムを伸ばして鼻につける

伸ばされたゴムは熱を加えると縮む

ペンシルバルーンを使って実験

細長い風船に空気を入れて、曲げたり捻じったりして可愛いプードルなどを作れる「ペンシルバルーン」。

ここでは、そのペンシルバルーンを使って、普通とは違う挙動を示す **“ゴムの不思議”** をラボしてみましょう。

ペンシルバルーン

Lab 伸びたゴムに熱を加える

【用意するもの】

・ペンシルバルーン（数本、100円ショップのものではなく、ホームセンターで、しっかりした作りのものを購入する）
・500mlペットボトル（水を入れてキャップをし、重りにする）

●ゴムに熱湯をかけるラボ

[1] 次の図のようにペンシルバルーンを結び付けて、つるす。

[2] 何度かペンシルバルーンを引き伸ばして、伸びきった状態にしておく。
ペンシルバルーンの端から、熱湯を勢いよく流す。

伸びたペンシルバルーンは、急激に縮み、上昇します。
日常生活では、熱を加えられ熱くなると伸びるものが多いのですが、ゴムの挙動はまったく反対で、熱を加えると縮むのです。

熱湯をかけるとゴムは縮む

●鼻の下が熱くなるラボ

同じ現象を使ったラボなのですが、もうひとつ試してみましょう。

[1] ペンシルバルーンを4等分にカットし、その１つを左右の手（親指と人差し指）で、親指と親指の間に、指が１本入るくらいに、間を空けて持つ。

[2] 勢い良く伸ばし、すぐに鼻の下につける。

[3] そのまますぐに縮めて、同様に鼻の下につける。

[4] 手順②と手順③を何度か繰り返し、最後は何度も素早く伸び縮みさせたのち、鼻の下につける。

「のばして～！」

「ピッ！」とつける

とても忙しいラボですが、伸ばしてつけると鼻の下が熱く感じ、伸ばしたものを縮めてつけると冷たく感じます。

同じことをゆっくり行なっても、あまり温度の変化は感じません。

また、このラボは、寒い冬より暑い夏のほうが温度の変化を感じやすいようです。

寒いときには、ゴムをよくもんで暖かくして行なうと、より感じやすいです。

伸ばしたゴムに熱を加えると、どうして縮むのか

　まずは、「鼻の下が熱くなるラボ」の解説です。
　ゴム(ゴムの分子)は、高分子と呼ばれるもので、長いひものような状態のもの(高分子鎖)が集まって、糸マリのようになっています。
(長いひもがただ伸びきった状態というよりも、短く縮まった感じです)。
　通常の縮まった状態では、このゴムの分子は、“ブルブル”と振動しています。
　それが勢いよく伸ばされると、いままで振動していたものが振動できなくなり、そのぶんのエネルギーが**「熱エネルギー」**に変わったため、鼻の下が熱く感じたのです。
　しばらくすると、熱エネルギーは空気中に放出されるなどで収まります。

　そして、伸ばした状態から急に縮める、つまり通常の状態に戻ると、その運動を行なうためのエネルギーを周囲(鼻の下)からもらうことになり、冷たく感じるのです。

*

　この仕組みは、「ゴムに熱湯をかけるラボ」でも同様です。
　重りで伸ばされた状態にあるゴムの分子鎖は、お湯の熱エネルギーをもらうと振動が激しくなります。
　その状態では、ゴムの通常の縮まった状態に近づこうとする力が大きくなり、その結果として縮みます。

*

　こういった現象は、日常の中でも見掛けることがあります。

　たとえば、冷凍食品をしまう際に輪ゴムで止めて冷凍庫に入れておき、数日たってから冷凍庫から出し、ゴムを外すと、ゴムが伸びていることがあります。
　しかし、すぐに縮んで、通常の状態に戻ります。

　伸ばされて冷凍庫に入れられたゴムが、常温に戻されることで温度が上がり、それを熱エネルギーにして、通常の状態に戻ろうとする力が大きくなる、だから縮むのです。

*

　勘違いしてはいけないのは、**「伸びたゴムに熱を加えると縮む」**という点です。
　以前、お鍋にお湯を沸かし、そこにゴムを入れて、伸びないかと観察していましたが、まったく変化がありませんでした。
　伸ばされていない、お鍋に入れただけのゴムは縮まないのです。

 伸びたゴムが縮まる力を利用した工作

ゴムの性質を利用して、工作をしてみましょう。

【用意するもの】

- ペンシルバルーン(しっかりした作りのものを数本)
- クリップ(2個)
- ラップフィルムなどが入っている硬くて長い箱(1個)
- モールやひも
- ドライヤー

[1] 長い箱の両端にクリップを付けて、ペンシルバルーンを伸ばして取り付ける。

[2] ペンシルバルーンに、印になるようにモールやひもを付ける。

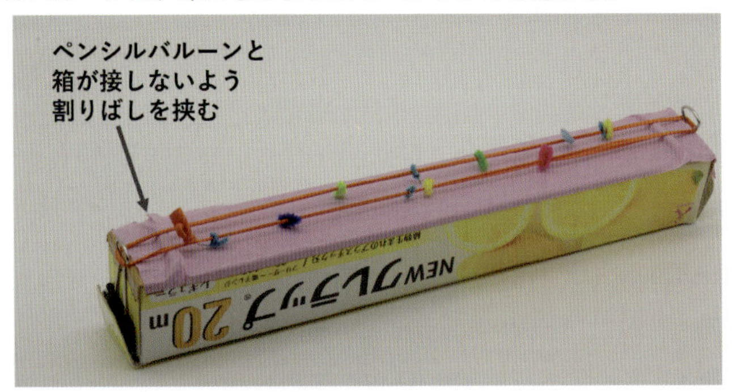

伸ばされたゴムの工作

[3] ペンシルバルーンにドライヤーの熱風を吹きかける。
熱風が当たった部分のモールが動きます。

どうしてモールが動くのか

“ピーン”と伸びたペンシルバルーンは、ドライヤーの熱によって縮むので、モールも一緒に動きます。

ネットなどでは、ゴムの観覧車に光を当てて回す、という大作が公開されているようです。
興味のある人は、挑戦してみてはいかがでしょうか。

参考サイト https://omoshiro.home.blog/2016/06/30/post_395/

3-4 ゴム風船でいろいろ実験

天然ゴム

ゴム風船

ゴム風船が、どうやって作られているか、ご存知でしょうか。

ゴムには、**「天然ゴム」**と**「合成ゴム」**がありますが、ゴム風船の場合は、**天然ゴム**で出来ているものが多いようです。

わざわざ天然のゴムを使う理由の１つは、強くて丈夫だからです。

風船は空気を入れると丸く膨らみますが、そのためには、膨れた部分が硬く強くなる必要があります。

そうでないと、そのままどんどん膨れたとき、丸くならないからです。

丸く膨らむゴム風船

そんな小ネタを入れながら、ゴム風船を使ったラボを紹介しましょう。

ここで使うゴム風船は、すべて大きさが11インチくらいのもので、ダイソーなどで購入できます。

水風船を火あぶりすると…?

【用意するもの】

・ゴム風船(11インチのもの、ダイソーなど)
・風船を膨らませるポンプ(なくても問題ない、ダイソーなど)

[1] ゴム風船を蛇口につけて、水を入れる。

[2] 全体の大きさが10cmくらいになったところで、水を止める。
ゴム風船が濡れている場合は、タオルなどで拭いてください。

[3] ゴム風船を下から、ライターであぶる。

ゴム風船は火であぶっても、割れることはありません。

これは、風船の中に水が入っているからで、いくら火であぶっても、水がある限り、風船が割れるほどの温度にはならないのです。

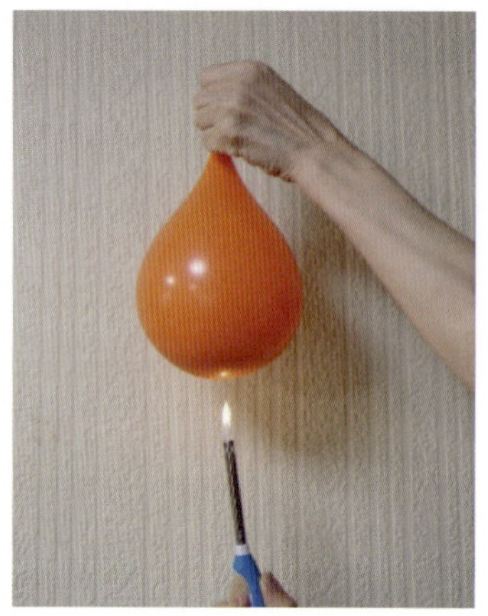

水を入れたゴム風船は、火であぶっても割れない

でも、よく観察してみると、あぶっている部分が、“黒くすすけている”のが分かると思います。

これは、風船が焦げた訳ではなく、風船の表面や中に付いている粉がすすけたのです。
この粉は、ゴム風船同士がくっつかないようにするためや、風船を作るとき、型から出しやすくするためにつけてあるものです。

水風船の火あぶりは、めったに割れることはないですが、少し注意すべき点があります。

それは、あぶっているときに、**「ライターの先を風船に当てない」**ことです。

また、蛇口から水を入れるときに、空気も一緒に入るのですが、入った空気は、水風船の底を叩いて、上にあげておいたほうがいいです。

空気は水より暖かくなりやすいので、底に空気があると割れる可能性があります。

ゴム風船に「磁石」を近づけると…？

【用意するもの】

・磁石(2個)

[1] ゴム風船に、あらかじめ磁石を入れておき、大きく膨らませてから縛る。

[2] 膨らんだゴム風船を手に持ち、外から、もう一個の磁石を近づける。

さて、どうなるでしょうか。

磁石どうしが磁力で近づいてくる……のは間違いではありませんが、近づいて磁石がくっついた瞬間に、大きい音で割れます。
(大きく膨らませれば膨らませるほど、大きな音で割れます)。

また、磁石は少し角(かど)があるほうがいいですが、ネオジム磁石のように磁力の強いものでなくても大丈夫です。

＊

この実験でどうして割れるかというと、中の磁石と外から近づけた磁石がくっつくときに、風船を“こする”ために割れるのです。

『そんなの予想がつくよ』という人もいそうですが、それでも割れる瞬間はとってもビックリするでしょう。

磁石のくっつく力は、**「距離の二乗」に反比例する。**

つまり、近づけば近づくほど強い、ということが体感できる実験だと思います。

ゴム風船にオレンジの皮の絞り汁かけると…？

【用意するもの】

・オレンジの皮の絞り汁または、灯油
・綿棒

[1] ゴム風船を、大きく膨らませる。

[2] 膨らんだゴム風船を手に持ち、外から、オレンジの皮の絞り汁や灯油を付けた、綿棒をくっつける。

さて、どうなるでしょうか。

“パン！”と大きな音を立てて、割れます。

大きく膨らんだ風船は、ゴムが引っ張られた状態にあります。
オレンジの皮の絞り汁に含まれるリモネンは、そのゴムの分子の間に浸透していき、ゴムがとろけて割れるのです。

風船がまだ大きく膨らんでいない（ゴムがあまり引っ張られていない）状態でリモネンがかかると、すぐには割れず、しばらくしてから割れます。

これもまたちょっとびっくりですね。

灯油も同様の理由で、風船を割ることができます。

参考サイト https://omoshiro.home.blog/2013/10/07/post_301/

3-5 電気を通すものを調べる

Key Word　通電チェッカー

デコレーションライトで通電チェッカー

一昔前は、電気を通すものかを調べる通電チェッカーを作るには、「豆電球」「電池ボックス」「銅線」などを用意しないといけませんでした。

でも、いまは100円ショップの製品で、簡単に通電チェッカーを作ることができます。

用意するものは「電池ボックス」付きのデコレーションライト。

さっそく作って、いろいろな電気を通すものを調べてみましょう。

100円ショップで売っているデコレーションライト

Lab 通電チェッカーを作る

【用意するもの】

・デコレーションライト(常時点灯で電池ボックス付きのもの、100円ショップなど)
・金属のクリップ(2個)
・針金(100円ショップなど)
・アルミ自在ワイヤー(100円ショップなど)
・鉛筆(4Bなどの濃いもの)
・シャーペンの芯
・アルミホイル
・折り紙(黒やキラキラしたホイルカラーのもの、100円ショップなど)
・紙やすり

[1] デコレーションライトがどのような作りになっているか、確認するために、ペンチで末端ではない途中にあるLEDライトを、1つカットしてみる。

ダイソーのデコレーションライトの場合、光る部分のすぐ下をカットするといいです。

LEDライトは、1つカットしても、他のライトは点灯します。

つまり、並列つなぎになっているのです。

※ちなみに、昔の「電球式のデコレーションライト」の時代から、並列つなぎで作られています。
　このように、1つの電球が壊れて点かなくなっても、全体が使えなくならないように配慮されています。

[2] カットしたところを引き延ばすと、金属の配線が出てくるので、それぞれに、クリップを付ける。

[3] クリップを重ねて、LEDライトが点灯することを確認する。

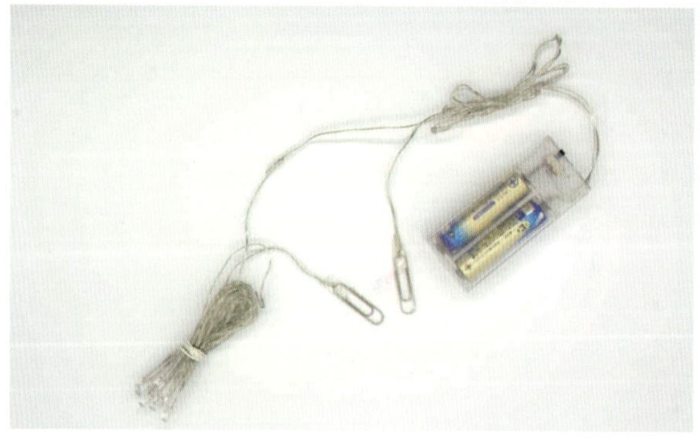

クリップをつないで点灯を確認

通電チェッカーを使ってラボ

クリップを調べたいものに付けて、ライトが点灯するか確認しましょう。

●針金

もちろん点灯します。

●アルミ自在ワイヤー(ダイソー製品)

そのままでは点きませんが、紙やすりでこすると点灯します。

ワイヤーには、表面に色が塗ってあるので、それをはがしてやると電気が流れるようになるのです。

●鉛筆の芯

こちらは問題なく点きます。

鉛筆の芯は、電気を通す黒鉛で出来ています。
(ただし、濃いほうが電気を通しやすいです)

●シャーペンの芯

これも点きます。

赤や青の色がついたシャーペンの芯や、太さの違う芯だと、光ったときの明るさが違うので試してみてください。

点いた状態が長くなると、熱を発するようになるので気を付けてください。

●アルミホイル

アルミホイルは、金属のアルミニウムで出来ています。

もっと身近なものだと、1円玉もアルミニウムです(もちろん光ります)。

他の硬貨もラボしてみましょう。

●ホイルカラーの折り紙

これも、アルミ自在ワイヤーと一緒で、表面をこすると光ります。

たとえば、金色のものは、アルミホイル(アルミニウム)にオレンジの色を付けているので、こすってアルミニウムが出てくると、電気を通すようになります。

●黒の折り紙

黒い折り紙の中には、黒鉛を使っているものがあり、そのようなものは光ります。

手元にあったら、チェックしてみてください。

参考サイト https://omoshiro.home.blog/2023/05/27/電気を通すもの調べ！/

3-6 洗濯物干しは何色がいいのか？

Key Word 紫外線、色の3原色、プラスチック

「窓辺のポスター」を観察してみよう

リビングの出窓近くなどにポスターを長い間貼っていると、次の図のように一部の色が褪(あ)せていることがあります。

図の右側が色褪せて薄くなっている

この変化は、何が原因で起こったのでしょうか。

ここでは自分でラボするわけではないですが、身近な「色褪せ」について考えてみましょう。

色褪せの原因

そもそもこの色褪せ、何が原因で起こったのでしょう。

もう分かっている方もいるかもしれませんが、色褪せの原因は、紫外線です。

紫外線は、書いて字のごとく、**「紫の外の線」**。
人間が、「色」として認識できる可視光線の中でも、もっとも波長の短い「紫」よりも、さらに外側にある光(不可視光線)です。

可視光線よりもエネルギーの高い光で、悪いことばかりではないのですが、肌にダメージを与えて、日焼けの原因になるのは知っている人も多いでしょう。

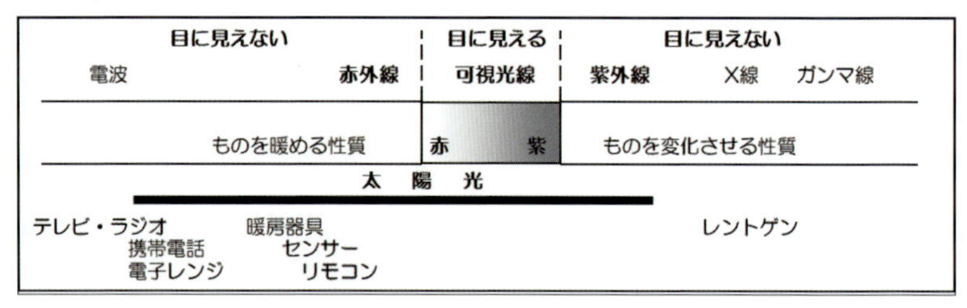

紫外線は紫よりも外側にある光

紫外線は、分子の化学結合を壊しやすい光のようで、紫外線付近の光を多く吸収する色素は、色褪せしやすかったりします。

たとえば、赤い色は「赤以外の光」を吸収しています。
同じように、青い色は(青以外の光)を吸収しています。

そのため、**赤と青では、紫外線に近い光を多く吸収する赤のほうが、退色しやすい**のです。

＊

もう少しわかりやすいように、冒頭に掲載した図の右側を、色褪せる前後で分けたものが、次の図です。
赤と黄色は色が抜けて白に、緑は青に、空の青色はあまり変化がないようです。

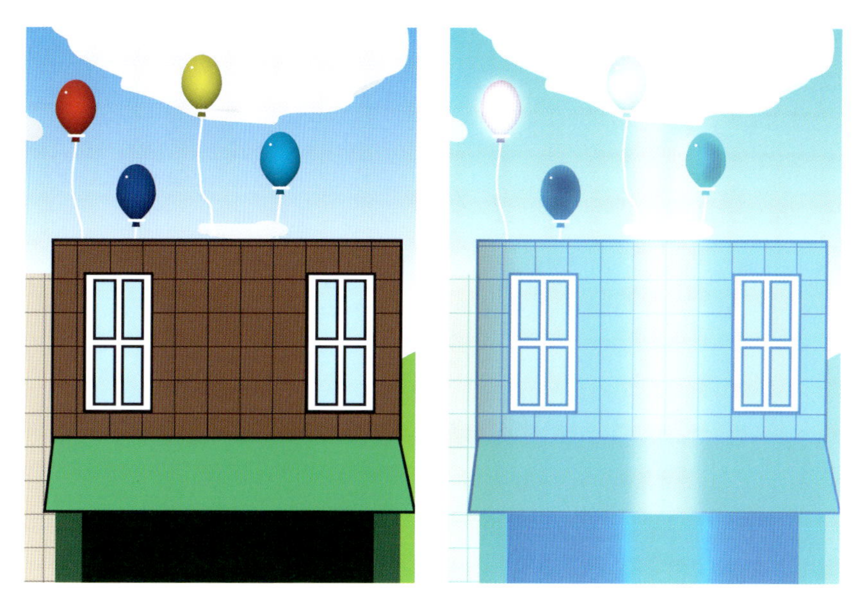

赤や黄色の風船は、ほとんど白くなっているが、青の風船はあまり変わらない。

こういったポスターを作るときは、色の３原色（シアン、マゼンタ、イエロー）が使われています。
また、ハッキリさせるために、黒も使います。

この４色のうち、**紫外線にいちばん弱いのは「イエロー」**、その次は「マゼンタ」と言われています。

「シアン」は強く、「黒」はもっとも強いようです。

だから、このような退色が起こったのでしょう。

道を歩いていると、「注意！とびだすな！」といった看板の、赤い色で書いてある「注意！」の文字だけが消えている……といった光景を見掛けることはなかったでしょうか。
これも、以上のようなことが原因で起こっています。

どの色を購入すべきか

たとえば、赤と緑の洗濯物干しがあったとしたら、あなたはどちらを購入しますか？

このような場面でも、紫外線の考え方は役立ちます。

赤は、紫外線でダメージを受けやすいからですね。

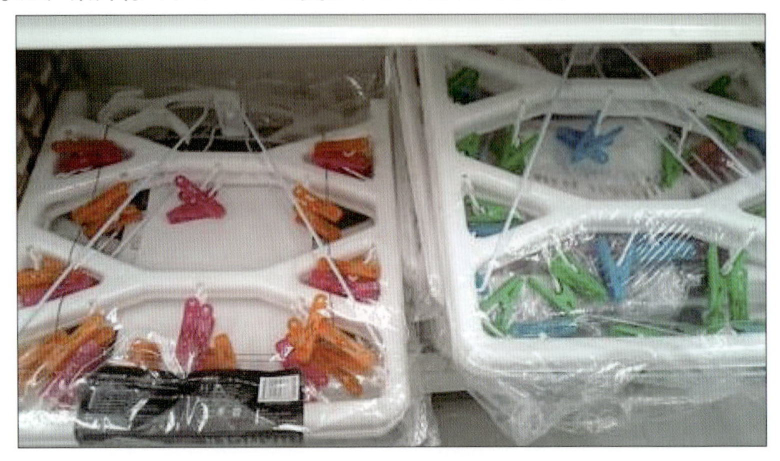

洗濯ばさみに色が着いている選択物干し

もう少し付け加えると、紫外線は、分子の化学結合を壊しやすい光と説明しましたが、紫外線はプラスチックの化学結合を壊しやすい波長でもあります。

つまり、プラスチックの洗濯物干しと金属の洗濯物干しだったら、金属のほうが長持ちするのです。

参考サイト　https://omoshiro.home.blog/2016/09/01/post_399/

3-7 カップラーメン4兄弟で錯覚ラボ

Key Word 錯覚、加圧実験、紙製ECOカップ

カップの大きさが変わる？

カップ麺は好きですか？

ラーメン、うどん……種類もいろいろありますが、今回のポイントは大きさ。

ミニサイズやビッグサイズなど、大きさの違いがあるカップラーメンが最適です。

いろいろな容器：今では販売されていないものもあります

どれが満足？

【用意するもの】

- 大きさの違うカップ麺（複数個）

今回は、日清食品のカップヌードル（普通サイズ、MINI、BIG、KING）を使いました。

BIGやKINGを食べきる自信がない方は、同じ大きさでもラボはできるので安心してください。

＊

また、もっとお手軽な方法として、紙コップの口にフタのように紙を貼ったものを、いくつか用意しても、問題ありません。
上に積み重ねられればいいのです。

＊

では、さっそくラボしてみましょう。

大きいものから重ねた場合（左）と、小さいものから重ねた場合（右）

それぞれのサイズのカップヌードルを、画像のように重ねて置き、大きさの感じ方を比較する。

→大きいほうから順番に重ねると、KINGは大きく見えます。
でも、重ね方を逆にすると、なんだかKINGとBIGは、そんなに大きさは変わらないよう見えます。

食べても、満腹感はそれほどでもなさそう。

どうして大きさが変わったように感じるのか

　このように感じるのは、カップ麺の容器のように、**「上が大きく、下が小さい」形状のものを縦に並べると、下のほうが大きく感じられる**という、目の錯覚からきています。

左右で大きさが違っているように感じる

＊

　同じ大きさでも、上のものが小さく感じられます。

＊

　次の写真は、２枚のバームクーヘン型の紙を並べたところです。

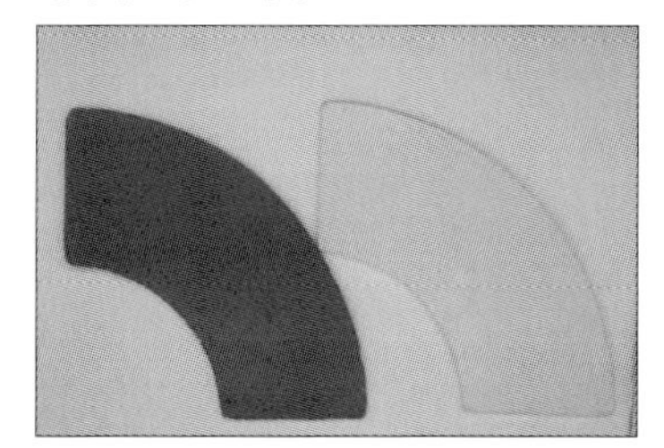

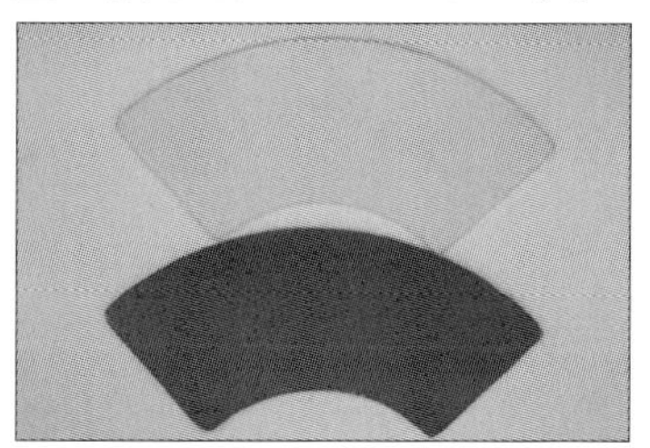

バームクーヘン型の紙を並べる

　左は同じ大きさに感じますが、**右**はカップ麺の容器と同じように、上が小さく感じるはずです。
　この例のほうが、より分かりやすいかもしれません。

＊

　ちなみに、「カップラーメン４兄弟」と言いながら、小さな５番目の兄弟がいるのに気付いたでしょうか。

　いちばん小さいサイズは、MINIを加圧実験で小さくしたものです。

右を圧縮して左になった

カップヌードルの容器は、発泡スチロールで出来ています。

発泡スチロールにはたくさんの部屋があり、その中に空気が閉じ込められています。

このおかげで保温性が良く、お湯を入れてから手で持っても熱くないのです。

そして、この容器に外から圧力をかけると、空気が抜けだし、縮んで小さくなってしまうのです。

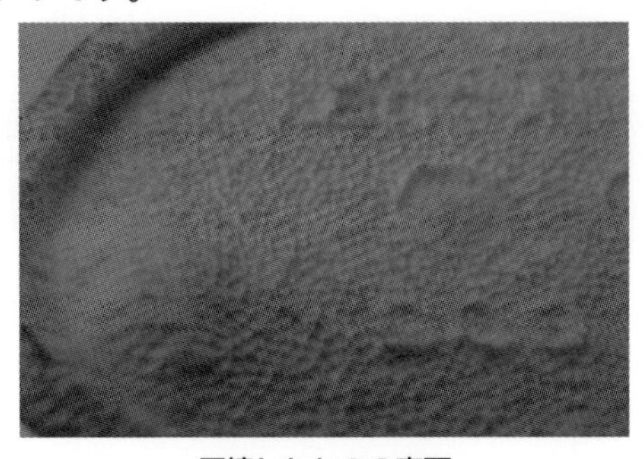

圧縮したものの表面

※これまでのカップ麺の容器には、このような発泡スチロールがよく使われていたのですが、最近は紙製のECOカップに替わってきています。

参考サイト https://omoshiro.home.blog/2013/02/26/post_252/

3-8 スーパーボールでいろいろ実験

ゴム、ゴム弾性、

すっ飛びボール

びよ～ん!と弾む、スーパーボール。子供たちは、大好きですね。

スーパーボールをいくつも重ねていっしょに落とすと、いちばん上のボールはびっくりするくらい飛び上がります。体育館の天井くらいまでは余裕です。

市販のすっ飛びボール。赤いボールが飛び上がる

ここでは、ちょっと小さいおうちバージョンのすっ飛びボールを作って、思考実験を行なってみましょう。ちなみに、このおうちバージョンのすっ飛びボールは、飛ぶのはストローです。

すっ飛びボールの工作

【用意するもの】

・スーパーボール
・ストロー:7.5cm
・結束バンド:ダイソー15cm;軸と呼ぶ
・ビニルテープ
・キリ

この工作は、以下の手順で進めてください。

[1]結束バンドの上の部分をカットし、反対側をキリで穴をあけたスーパーボールにさす

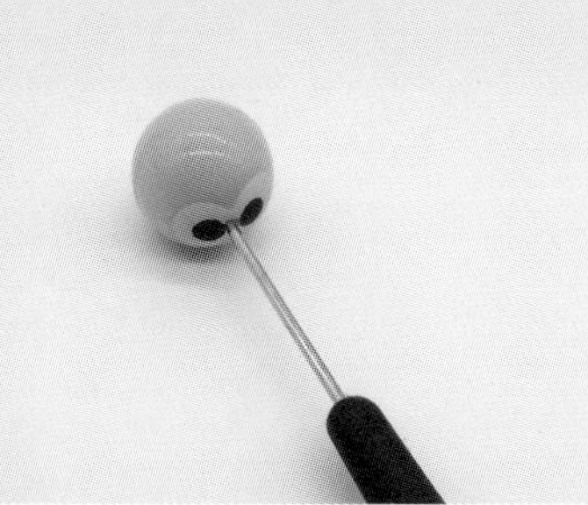

穴の深さは、1cm程・軸がはずれなければいい

軸は、工作していると曲がることがあるので、曲がらないように気を付けてください。

[2]ストローの端に、8cm程の長さにカットしたビニルテープを巻き、軸に入れる

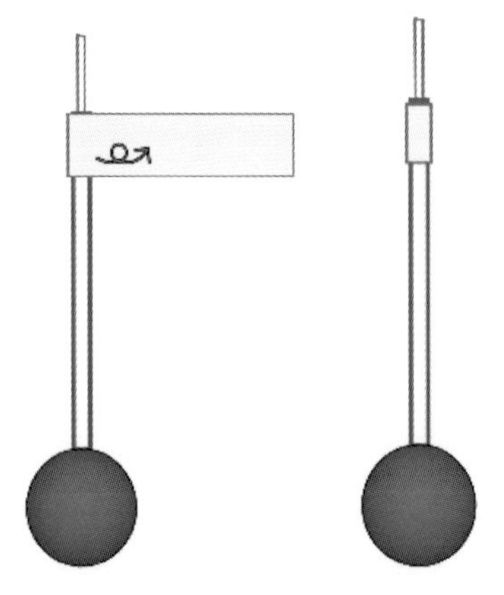

右がすっ飛びボールの基本形

Lab すっ飛びボールでストローを飛ばす!

さっそく、すっ飛びボールでストローを飛ばしてみましょう。

[1] 軸を画像のように親指と人差し指で持つ

[2] 下図左のように、手を肩の高さにまっすぐのばし、指を軸から外し、落とす

上右図のように、無理に手を上にあげたり、はずみをつけたりしないように、ただ指を軸から外すだけのほうがじょうずにはずむ

スーパーボールが床につくと同時に、ストローがびよ〜ん!と上にすっ飛びます。

ストローは下のスーパーボールのはね返るパワーをもらい、はねあがるのです。

今回は、ストローを飛ばしましたが、p.131のように、スーパーボールをいくつか重ねてスーパーボールを飛ばす実験もあります。

その場合、スーパーボールの重さの比は、3つの時は1対2対6にすると、とてもよく飛ぶらしいです。下図のように下の2個が止まり、一番上がすっとびます。

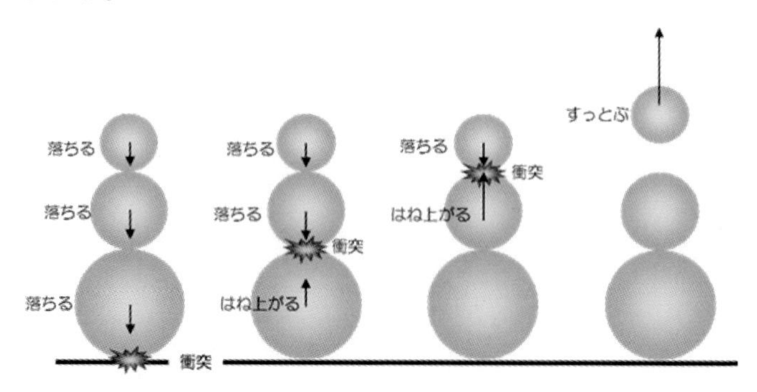

簡易的ですが、大きいスーパーボールと小さいスーパーボールがあれば、プラスチックの薄いフィルムで、下画像のような小さいスーパーボールが入る枠を作ってやり、それに小さいスーパーボールを入れて飛ばすこともできます。

枠がなくても、一緒に落とすだけでも、ある程度は再現できます。スーパーボールでなくても、テニスボール・ゴムボール…いろいろなボールで、上下を逆にしたり、いろいろ試してみても面白いです。

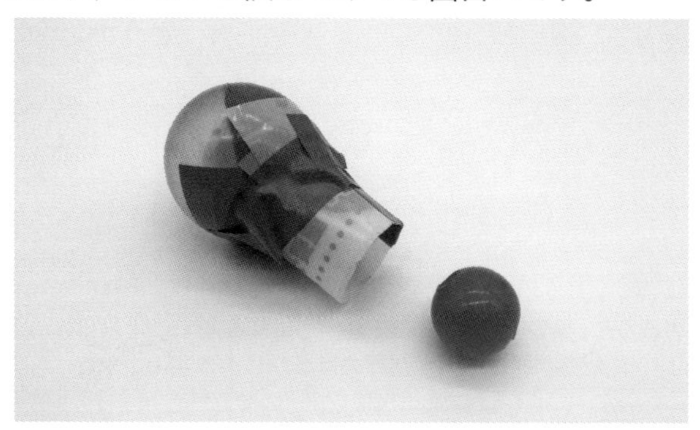

では、もう少し、ストローを変えて深めてみましょう。

ストローを変えて考察　その1

まずは、下図①のようにセットしてストローがびよ～ん!と飛び上がりましたが、②③のようにした場合では、どのストローが良く飛び上がるでしょうか？

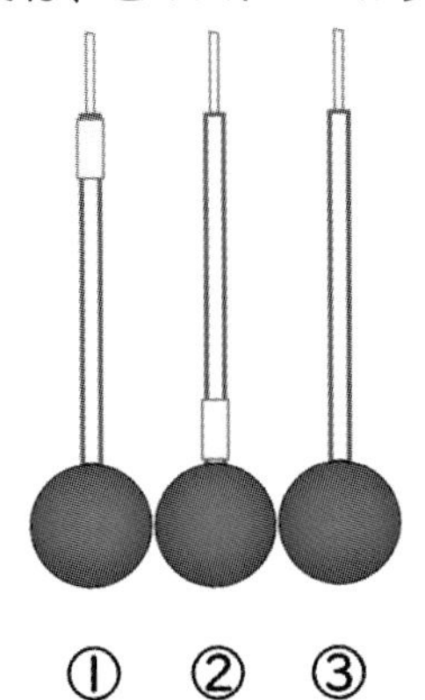

①　②　③

①ビニルテープが上　になるようにセットしたもの
②ビニルテープが下　になるようにセットしたもの
③ビニルテープなし　ストローだけのもの

おそらく、①がいちばんよく安定して飛び上がります。
その理由を考察実験してみましょう。

考察実験

【用意するもの】

・ストロー:7.5㎝
・輪ゴム
・つまようじ

[1]ストローだけを、下図①②③のような向きで、スッ！と飛ばす

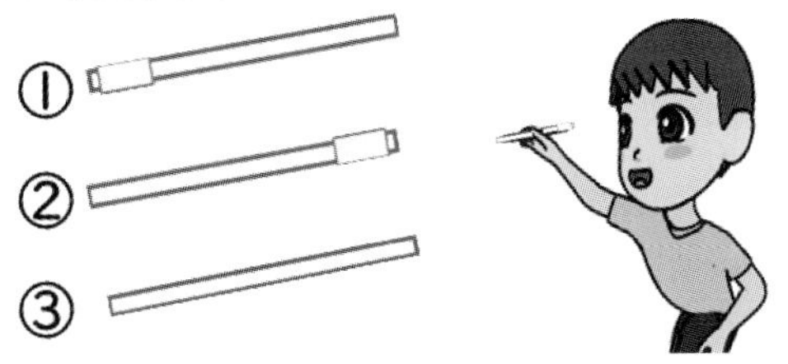

[2]飛んだ様子を確認する

スッ!っと飛んだ順番は、①②③でしょう。軽い③より、重い①②のほうが飛びやすかったのは、分かりますが、①と②の違いは何でしょう？

別の実験で確かめてみましょう。

[1]輪ゴムを2回ほどたたみ、ビニルテープなしのストローの片一方に詰める

つまようじを使って、きっちりつめる

[2]なめらかな机の上に、輪ゴムをつめたストローを下図左のように横向きにおき、真ん中めがけて息をふきかける

輪ゴムをつめているほうが前(自分の方)を向きます。これはどうしてでしょう?

息をふきかけると、輪ゴムがつめてある方(重い方)は動きにくく、つめてない方(軽い方)は動きやすいので、重いほうが前になるように回転するのです。

投げたときも同様で、先が軽いほうが空気にじゃまをされやすく、下図のように重たい後ろが前になるように回転します。

だから、先が重いほうが、最初から安定して飛ぶのです。

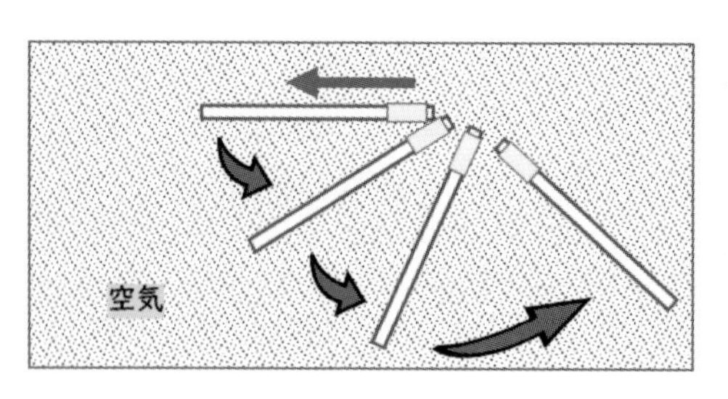

空気は見えないけど、窒素などの小さな粒粒が、バラバラビュンビュン飛び回っています。ストローを飛ばすということは、その粒粒にぶつけるということです。ストローの先の軽い方は、空気の粒粒にあたるとじゃまをされやすく、スピードが落ち、重たい後ろが前になるように回転します。

飛ぶもので、このように先を重くする工夫をしているものは、バトミントンのシャトル・羽子板の羽・ロケットなどがあります。他にもあるか、考察してみてください。

先が重い工夫をしているもの

ストローを変えて考察　その2

次は、ストローの形状を変えてみましょう。

【用意するもの】

・すっ飛びボール	・ストロー:7.5㎝	・ビニルテープ

【1】ストローの端から1.5㎝くらいのところまで、はさみを入れ4つにカットし、その下にビニルテープを巻く

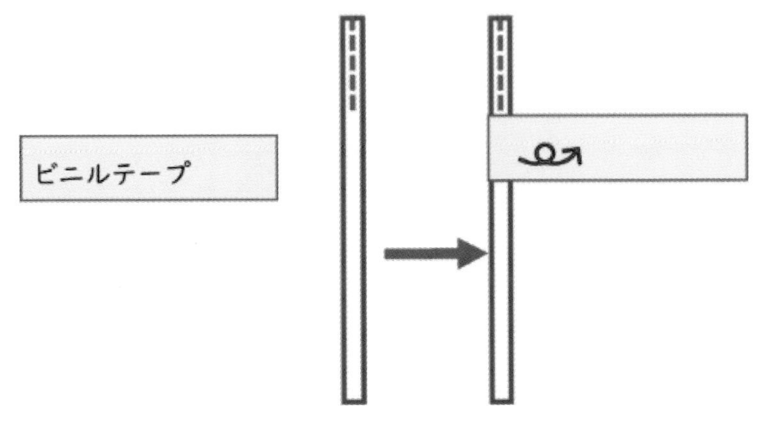

ビニルテープをカットしたところの下にくるくるまく

【2】カットした部分をまげてはねにし、セットする

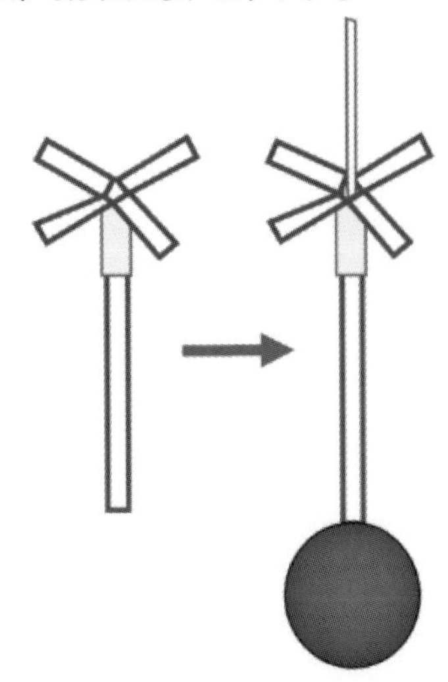

曲げ方はおおよそでいいです

飛び出したストローは、クルクル回ります。羽をまげるかたむきを変えると、回り方も変わります。

結束バンドは、もっと長いものもあります。長い結束バンドにしてストローの長さも長くしたり、ビニルテープの長さを変えて重くして、自由研究に発展させてください。

スーパーボールを使って補足の実験

スーパーボールを使って、補足実験をしてみましょう。

---

[1] スーパーボールを沸騰したお湯に入れ、3分間ほど沸騰させ続ける

[2] スプーンですくって硬いテーブルや床に落とし、はね上がった高さを計測する

[3] スーパーボールの温度が室温にもどったら、**[2]** でスーパーボールを落としたのと同じ高さから、そのスーパーボールを同様に落とし、はね上がった高さを計測する

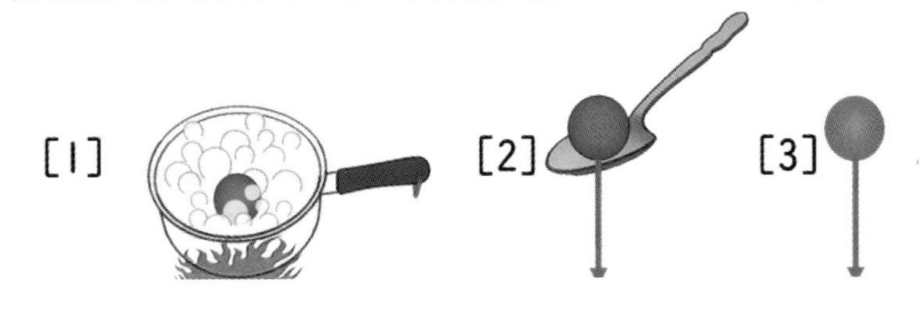

温めたスーパーボールのほうが、室温のスーパーボールより高くはね上がったのではないでしょうか。

これは、どうしてでしょうか？

ゴムは「高分子」と言われるもののひとつで、長いひもがからまった糸毬(まり)のようになっています。

そのひもは、架橋というクリップで止めたような部分があり、立体的なネット(網)のようになっています。ただの長いひもの糸毬だと、一端を引くとするする引きだされますが、架橋があることにより、いろいろな方向から引き伸ばしても、ずれたりちぎれたりせずに、また元の形にもどることができるのです。

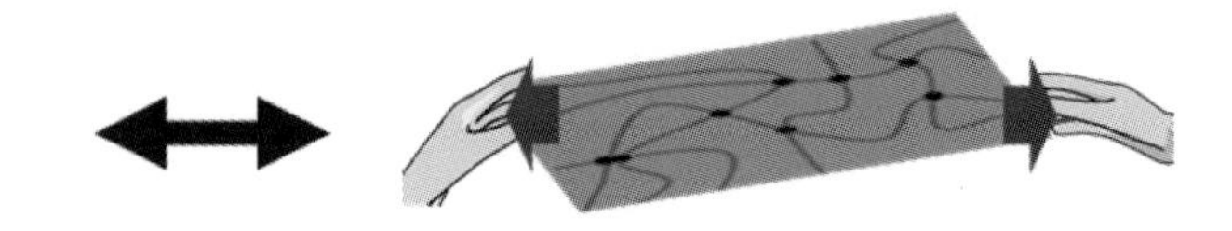

この元に戻ろうとする力（弾性）は、ゴムの温度が高いほど大きくなります。だから、沸騰するお湯につけたスーパーボールは、室温のものより高くはずみます。

スーパーボールを２日間ほど冷凍庫などで冷たくして、同様の実験をすると室温のスーパーボールよりはねなくなります。

この現象は、前のページに書いていることを検証実験していることになります。

≪注意！≫スプーンですくうのは、やけどをしないためです。ゴムが熱でとけることはありませんが、料理用の器具を使用する場合は、スーパーボールはよく洗いましょう。

参考サイト https://omoshiro.home.blog/2022/12/07/スーパーボールで遊ぼう！じたばたストロー/

著者サイトに実験キットあり https://hmslab1.jimdofree.com/ショップ-キット購入サイト/

索引

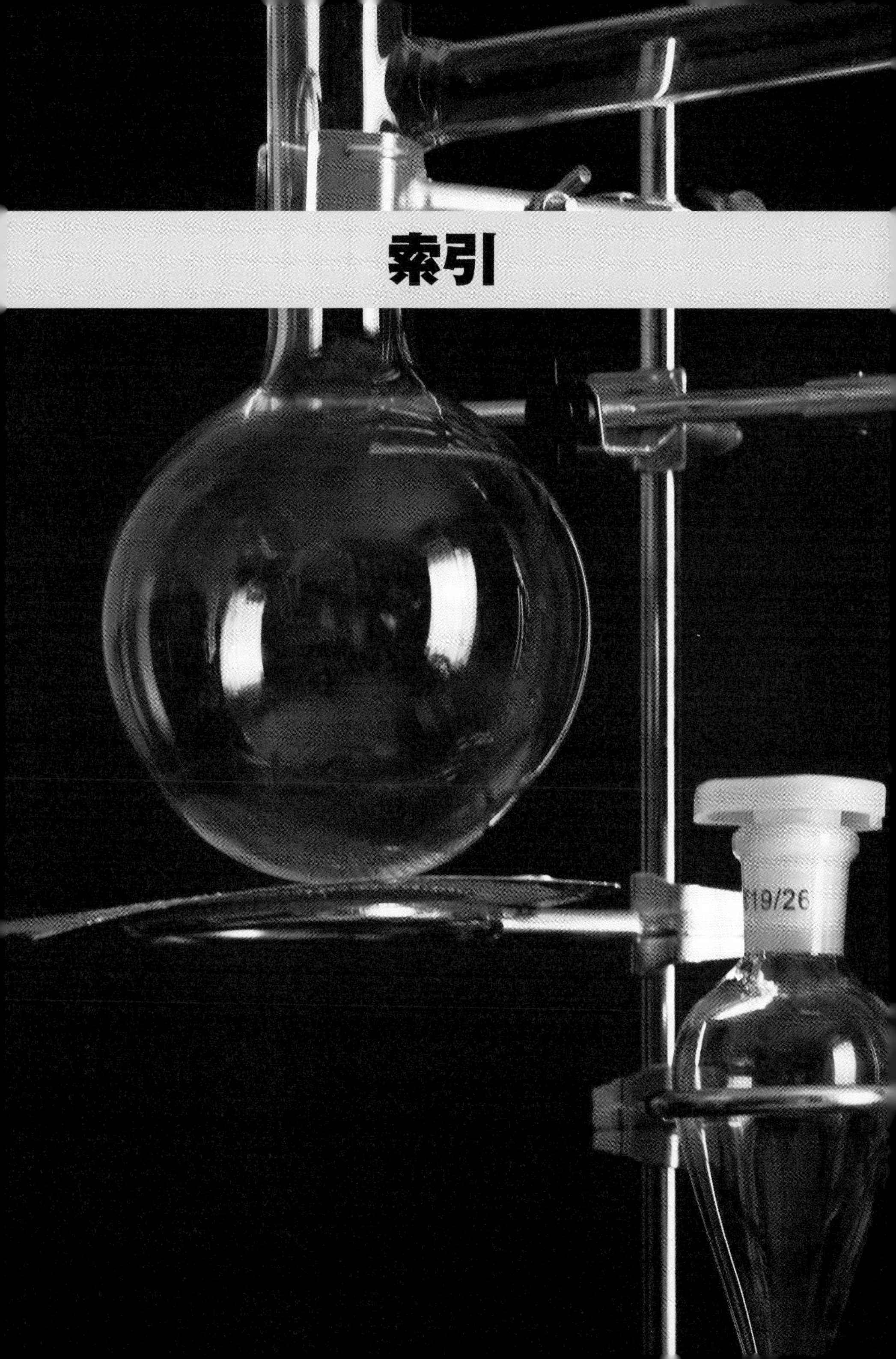

数字

アルファベット

五十音順

<あ行>

<か行>

<さ行>

《著者略歴》

久保 利加子（くぼ・りかこ）

1963年 博多生まれ
1986年 九州大学農学部食糧化学工学科卒業
2004年 つくば市で『おもしろ！ふしぎ？実験隊』の活動をスタート。

2024年、年間延べ3000人近くの子供たちと実験を楽しんだつくばを離れ、福岡市で活動開始。
科学ボランティア育成にも注力し、ネットでは、理科ネタを詳しく公開し、実験キットの販売（本書のキットもあり）も行なっています。

[著者ホームページ]
https://hmslab1.jimdofree.com/

[Facebook]
https://www.facebook.com/o.f.jikkenntai/

[Instagram]
https://www.instagram.com/oh_jikkentai/

[ブログ]
https://omoshiro.home.blog/

[実験キットの販売]
https://hmslab1.jimdofree.com/ショップ-キット購入サイト/

[参考文献]

「機能性プラスチック」のキホン
https://www.sbcr.jp/products/4797364231.html

本書の内容に関するご質問は、
①返信用の切手を同封した手紙
②往復はがき
③E-mail　editors@kohgakusha.co.jp
のいずれかで、工学社編集部あてにお願いします。
なお、電話によるお問い合わせはご遠慮ください。

サポートページは下記にあります。

[工学社サイト]
http://www.kohgakusha.co.jp/

I/O BOOKS

身近なもので楽しむ！おもしろ！ふしぎ？科学実験室

2025年 1 月30日　初版発行　ⓒ2025

著　者　久保　利加子
発行人　星　正明
発行所　株式会社工学社
〒160-0011　東京都新宿区若葉1-6-2 あかつきビル201
電話　(03)5269-2041(代)[営業]
　　　(03)5269-6041(代)[編集]
振替口座　00150-6-22510

※定価はカバーに表示してあります。

印刷：(株)エーヴィスシステムズ

ISBN978-4-7775-2290-3